あさえがお

心のハンドルを
ぎゅっとにぎる33の言葉

加藤綾子
Ayako Kato

二〇一六年五月、
私は新たなスタートを切りました。

加藤綾子として
フリーアナウンサーの
第一歩を踏み出したのです。

目次

本当に大切なのは外見じゃない。
心でどう感じているか、それが重要。
何もかも手に入れてるように見えるのに、
ちっとも幸せそうじゃない人っているでしょう？

——ミランダ・カーの言葉

〝あさえがお〟を見つけるまで

今朝十時に起きました。
紅茶を飲み、朝食を作り、新聞を読み、出かける支度をする——。
三時に起床していた一年前の生活からは想像もできないくらい
ゆっくりとした一日の始まりに、少し申し訳なさを感じてしまうほどです。

フジテレビを退社してから半年がたちました。

長いようであっという間だった八年間。アナウンサーという仕事だけは死ぬ気でやる！

と決めてなんとかここまで、脇目もふらずに走ってきたように思います。

というのも私、自分に個性がないのではないかと悩み、コンプレックスに感じていた時期がありました。また、「夢中になって打ち込んでいる」と、胸を張って言える趣味がないことも……。

なので仕事だけは「やりきった」と堂々と言えるまで頑張ろうと心に決めたのです。

いずれあの番組をやってみたい、と憧れていた朝の情報番組『めざましテレビ』のメインキャスターを担当することになったのは、二〇一二年四月。毎朝五時二十五分から八時まで二時間半の生放送を四年間続けることができたことは一つの自信になっています。

「ああ、朝によく見かけた……」

というふうに私のことを認識している方もいらっしゃるかもしれません。

もちろん、他にも局員時代には、明石家さんまさんの隣で進行役を務めさせていただいたり、『笑っていいとも!』のテレフォンアナウンサーや『FNS27時間テレビ』、『FNS歌謡祭』など、本当にたくさんのかけがえのないお仕事を経験しました。

〝女子アナ〟といっても、あくまで会社員という立場です。常に裏方に徹する役回り。ごくごくたまにインタビューにお答えする機会はありましたが、生い立ちを話したり、自分を表に出すということはほとんどありませんでした。

そのためか、「〝カトパン〟って見かけた割にどんな人なのかよくわからない」という感想をいただくことも。

この本を通して、私が新たなスタートを切った理由と、僭越ながら、なぜ毎朝（本当になんとか）笑顔でカメラの前に立つことができたのか、みなさんが笑顔で毎日を過ごすための少しでもの参考になればと思い、お伝えできたらいいなと思います。

まず、私の簡単な自己紹介を。

一九八五年四月二十三日、神奈川県の武蔵小杉生まれ。幼少期から入社までは埼玉県の三郷に住んでいました。

父は商社に勤務。母が二十四歳のときに職場結婚したそうです。

二つ上の兄の存在は私にとって大きかった。自慢の兄で、小さいころから妹の私よりも〝かわいい〟と大評判（今はかわいいというキャラではないのですが・笑）。穏やかでみんなに優しく、いつも周りに人が集まっていました。

たとえば、罰ゲームなんかで「おもしろい顔をして！」となると、兄は恥ずかしがり、私はそれを見て率先してヘン顔をする。母からは「もう、女の子なんだから！」といつも呆れられていました。

母はとても陽気でいつも冗談を言うような人です。でも、派手なことは苦手。洋服にほころびを見つけたら、自分で縫うなどお直しして何年も着続けるような堅実な人です。

母との関係性をお話しするとなると避けて通れない話があります。

実は私は小さいころからひどいアトピー性皮膚炎に悩まされてきました。

お米、小麦、お肉のアレルギーで、それらを口にするのは一切ダメ。少しでも食べれば、たちまち皮膚が赤くなり、夜も眠れないほどかゆくなります。本当にひどい状態でした。

当時、アレルゲンを除去した特別な食材は、一般のスーパーマーケットでは扱っていませんでした。母は車で往復二時間ほどかけて千葉まで行き、粟やひえ、その他アレルギー対応の食材や調味料を定期的に購入する生活。

今ならネット通販などでもう少し簡単に手に入るかもしれませんが、当時はそうした食材を扱っているお店や情報も少なく、入手が大変だったんです。

母は食事に最善の注意を払ってくれていましたが、それでも体調や季節の変化によって肌の調子が大きく崩れることがたびたびありました。

周りの子がおやつにドーナツやケーキを食べていても、私は一切食べられない。幼い子どもにとっては、かなり酷な生活です。

どうして、私だけ食べられないの？　どうして私だけかゆくなっちゃうの？

満たされない気持ちを常に抱えていたように思います。

それでも、卑屈にならなかったのは母のおかげに他なりません。明るく強い母の性格にはずいぶん救われました。

あれは幼稚園のころ。みんなは真っ白なご飯のおにぎりにハンバーグ、卵焼きなど色とりどりのおかずが詰まったお弁当を嬉しそうに持ってきていたのですが、私は雑穀米を使ったなんとも味気ないお弁当。

ある日、お弁当箱のふたをパッと開けた瞬間、隣の男の子にこう言われたんです。

「わ、気持ち悪ぃ。こいつ、虫食べてる」

お米とは違う丸く茶色っぽい形状の雑穀米は、園児には見慣れないものだったんでしょうね。その子に悪気はなかったと思いますが、私は幼な心にひどく傷ついて、自分のお弁当がとても恥ずかしく、ふたで隠すようにして食べました。

帰宅後、母に、

「お母さん、今日、虫を食べてるって言われた……」

と伝えると、母は、

「虫！　なにそれ。虫なわけないわよねえ」

と、ケラケラと笑いだしたんです。

私はてっきり「綾子ちゃん、かわいそうに大丈夫？」と心配してくれると思いました。

でも、母は大笑いしてまったく意に介さない様子。意外な反応に驚きました。

そして、その姿を見て、私もこう思ったんです。

「そっか。そんなに悲しむことでも傷つくことでもないな」

実際はそのとき母がどのように感じたかはわかりません。本当は、子どもが先天的な原因でからかわれることに対して、母親として悲しく思うところもあったのだと思います。

でも、悲しい顔をされるよりも笑い飛ばしてくれたことで、なんだか私もスッキリして、もうお弁当のことは気にならなくなりました。

母はたくましい。きょうだいが多く長女として弟妹の世話もてきぱきとこなしてきたので、我慢強い。

そう思い返せば、母が泣いているところはほとんど見た記憶がありません。

そんな母に、私はとんでもない言葉を吐き捨ててしまったことがあります。

「なんで私をこんな体に産んだの!!」

中学一年から二年の夏にかけてのことです。この時期、アトピーは手がつけられないほど悪化。顔が真っ赤になりボロボロになってしまったのです。

思春期に、それは本当に辛かった。クラスメイトに冷たい視線を投げかけられている気はするし、「気持ち悪い」「あっち行って」と嫌がられたことも正直ありました。

悪気はなくとも、クラスメイトの容赦ない言葉は、ナイフのように心に突き刺さり、悲しかった。鏡を見ることが怖かった時期さえありました。

人から隠れるようにして、ただ時をやり過ごす日々。家にいるのも、鏡が目に入るので辛いばかり。

反抗期ということもあり、自分の生きづらさを母を責めることで解消しようとしたのでしょう。ちょっとした口ゲンカの流れで、母をなじってしまいました。

「お母さんがこんな体に産まなければ、私は苦労することなかったのに」

母の顔色がサッと変わったように見えました。しかし、そこはさすがの母。負けじと言い返されました。

「綾子が勝手にそんな体に産まれたんでしょ」

今思えば、そこで泣く母でなくてよかった。自分で責めておいてなんですが、ここで母に泣かれて謝られていたら、余計に辛くなってしまったと思います。幼稚園のお弁当の件だけではなく、母の存在には本当に救われました。

一度だけ、どうしても学校に行きたくなくて登校拒否をしたことがあります。

その日一日、母はずっとため息をついていました。洗濯物を干しながら「はぁ〜」、お皿を洗いながら「はぁ〜」。

このまま娘が不登校になったらどうしよう、と心配していたのだと思います。

普段見たことのないようなそんな姿を見ていたたまれないやら、申し訳ないやら……。

翌日は登校しました。でも、ほとんど泣きながらの登校。あまり泣くと、涙の塩分がまた肌によくないので、なるべく涙を流さないように、上を向いて。でも心は号泣です。

あれからもう十五年以上経っていますが、当時の心の痛みは忘れることはありません。

中学二年生のとき、よいお医者さんに出会うことができ、自分に合う薬を処方していただいて、アトピーはだいぶ改善しました。それから、本来の明るさも取り戻したように思います。

三歳のとき、よく似ていると言われる母親と。着ているのは母が手作りしてくれたおそろいのワンピース。

小・中学校は地元の公立。高校は国立音楽大学附属高等学校、そのまま同じ大学に進学しました。

音大を卒業したのに、なぜアナウンサー？　と思われるかもしれません。

確かに、アナウンサーの仲間内でもあまり聞かない経歴です。実際、二〇〇八年に入社した当時、

「フジテレビ初！　音大出身アナウンサー」

「音大出身、異色アナウンサー」

と報じられたので、かなり珍しいようです。

慶應、早稲田、東大……有名大学出身者が多いこの業界。「ミス〇〇」の栄冠を持っている方も少なくありません。

そんななかに入って場違いではないだろうか、と少々気後れしていた時期もありました。

私自身、自分がアナウンサーになるなんて夢にも思っていませんでした。

小さいころの夢は「ピアニスト」。五歳からピアノを習い始めました。

ピアノを弾くことが大好きで、先生や友だちからもよく誉められていました。けれども、現実はそう甘くはなかった。

音大付属高校に入学して、ピアニストの夢は諦めました。周りのレベルの高さを目の当たりにし、「私はピアニストにはなれない」と悟ったんです。

ちょっとやそっと上手いくらいでは、演奏家にはなれません。練習量や熱意といったものでは超えられない、決定的なセンスの差のようなものを感じました。

本来は結構な挫折で苦しむところだと思います。でも、不思議と動じないのが、私。手が届かないなら仕方がない。届くところに伸ばしていこう。

いつもそういうふうに考えてしまうんです。

母はよく「綾子はピアノができるんだから続けたほうがいい。それで、将来、お家でピアノのお教室を開いたら、すごく楽しいと思うよ」と言っていました。

自宅でピアノを教えるのであれば、将来子育てしながらでもマイペースに仕事を続けることができる、と考えたのだと思います。手に職を持つことに対する憧れが、長年主婦として家を守ってきた母のなかにあったのかもしれません。

私が師事した先生も子育てしながら自宅でレッスンを行っていました。優しくて大好きな先生。母の言葉もあいまって、自然と憧れの念を抱くようになりました。

「演奏家ではなく、音楽の先生か、ピアノの先生になりたいな」

アナウンサーだなんて、大学三年になって就職活動を始めるまで、頭をかすめることすらありませんでした。

「子どものころ、芸能界に憧れたことがある」といった話をたまに聞くのですが、そういう記憶も私にはありません。中学時代、「モーニング娘。」が流行っていたので、「応募したい」という同級生も少なからずいましたが、私にとってはあまりにも別世界のこと。

だから、憧れとか夢とか、そういう気持ちすら起きなかったんです。

ますますどうしてアナウンサーになったのかわからないと思いますが、それにはいろいろ事情がありまして……。のちほど詳しく触れたいと思います。


ひょうたんから駒のような経緯ではありますが、フジテレビの内定をいただき、アナウンサーの道を歩むことになりました。友人からも親戚からも、もちろん両親からもエールを受けて、私も未知の世界への期待で胸をいっぱいにして卒業式を迎えたことをよく覚えています。

しかし、長年「アナウンサーになりたい」という夢を持ち続けてやっと叶った、というわけではなく、いきなりポンとこの世界に飛び込んでしまったがために、〝覚悟〟が足りない面は正直言ってあったと思います。反省すべき点も数え切れません。

入社一年目の二〇〇八年十月、いきなり冠番組『カトパン』のMCに抜擢されるという幸運に恵まれたにもかかわらず、私ときたらこんなふうに思ったんです。

「えっ、カトパン？　カトパンって呼び方、ヘンじゃない？　それなら、アヤパンのほうがずっといい。先輩の高島彩さんが『アヤパン』だったから同じはダメということなら、『アヤパン2』でいいから、カトパンだけは嫌だ～（笑）」

お仕事させていただくことのありがたみがわからず、しかも冠番組の重さも自覚せず、学生気分が抜け切っていなかった私。

そこへ、鞭打つような試練が待っていました。

「フジテレビの新人アナは金髪ギャルだった」

『カトパン』がスタートするタイミングで、私の高校時代の写真が大きく報じられたのです。

これにはもう立ち直れないのではないか、と思うほど大きなショックを受けました。

「怖い……誰がこの写真を渡したの？　なんでこんなふうに書かれるの？」

そんな思いが頭をぐるぐるしました。

ずいぶん派手な見出しがついていました。実際、私は高校でも大学でも平凡な学生でした。確かに当時流行していたメイクを友人と一緒にしていたことはありました。

しかし、世間が理想とする「女子アナ」の姿と、ギャルメイクの高校生は大きなギャップがあったのでしょう。

入社していきなりスポーツ紙や週刊誌に過去の写真が「衝撃的なもの」として次々と大きく掲載され、猛烈に恥ずかしかったですし、周囲の反応も露骨に変わって傷つきました。自分が責められるだけならまだいい。

もし、私の派手な格好をした写真一枚で、両親や親戚まで大きな誤解やいわれのない非難を受けたらどうしよう、それを考えるとたまらなく辛い気分になりました。

両親は「まじめ」を絵に描いたような人です。しつけも厳しかったと思いますし、一生懸命、私のことを愛して育ててくれていました。

それなのに、世間から「親の教育が悪い」と後ろ指を指されるようなことになってしまったら……。結果的に、私が彼らの人生まで傷つけることになったのではないかと思うと、とても耐え難いものでした。

「私にはこの仕事は無理——」

入社したばかりで非常識とは思いましたが、会社を辞めるか、内勤の部署に替えてもらうしかないと思い、アナウンス室長に相談に行きました。

「すみません、異動させてください……」

しかし、さすがに番組が始まったばかりの時期。

「まだ舟は出たばかりだから、もう少し続けてみたら。それでも本当に無理というなら、上司に言ってあげるから」

室長のこの言葉がなければ、本当に辞めていたかもしれません。

あのときは、自分という存在が人に知られることが嫌で嫌でたまりませんでした。人に見られたくないし、自分で出演番組を見るのも嫌でした。

「アナウンサーをやめる」と本気で心に決めたつもりでした。

ところが――。
半年後の二〇〇九年三月、『カトパン』が終了すると告げられた私は、号泣してしまったんです。ヒックヒックとしゃくりあげるほど泣き、あふれ出ては止まらない涙に自分でも驚きました。もっと続けたかった……。

番組がいざ終わるとなって初めて、この仕事の楽しさ、やりがいを自覚したのです。そして、何事もいつまでも続くわけではない、あって当たり前ということは、何一つない。その感覚を身をもって体験し、激しい喪失感が襲ってきました。

こんなことを言うのはとても生意気ではありますが、前述のように『カトパン』のときは、まだアナウンサーという仕事がよくわかっていませんでしたし、写真報道の一件もあり、「与えられた仕事だ」という感覚が、意識せずともどこかにありました。

与えられた役割に対して今できることは果たしたけれども、プラスアルファとして自分から積極的に取り組んだ部分があったかというと、自信をもって「あった」とは言えません。なぜもっと一生懸命にならなかったのだろう。こんなに後悔するなら、なぜ……。

振り返れば、何かに無我夢中になることはなかったように思います。大好きなピアノだって、「自分よりもっと上手い子がたくさんいる」と知っても、ならば「もっと練習して、一番になろう」とは考えない。「自分ができる範囲がここまでなら、これでいい」と考える。仕事に対しても、『カトパン』が始まるときには、同じように考えていたんです。「〝できる範囲〟でベストを尽くそう」と。それどころか、「私はきっと、二年目か三年目ぐらいで、結婚して辞めているかもなあ」なんて思っていたくらいです。

ここで初めて自分の気持ちがはっきりわかったんです。

私は、この仕事が好きなんだ。

もっと一生懸命になりたいんだ。

目の前の仕事に全力で取り組もうと心に決めた瞬間です。

また、入社二年目の二〇〇九年十月、『ホンマでっか!?TV』がスタートし、明石家さんまさんと共演させてもらうことになりました。

新人のうちからさんまさんの隣に立てたということは、本当に私を助けてくれました。

まずは、何よりもトーク。さんまさんの話の引き出し方、仕切り方、何から何までたくさんのことを学ばせていただきました。

さんまさんの隣にいるというだけで、「カトパン」と呼んでいた方が「加藤さん」と呼ぶようになるくらいの影響力のある方。

また、俳優さんやスポーツ選手の方にインタビューをするときに、「『ホンマでっか』、見てます」と言ってもらえることもとても多いんです。さんまさんを介して相手の方との距離が縮められたような感覚になります。

新人のころとは違い、自分が幸せな環境にいるということを心から実感できるようになり、さらに仕事に対して正面から「頑張ろう」と向き合えるようになりました。

それ以外にもこれまで出演させていただいたすべての番組でさまざまな影響を受け、今の私の糧となっています。

特に、二〇一二年四月から四年間、一番長くメインキャスターを務めた番組『めざましテレビ』は大きな存在です。

フジテレビの朝の顔。自分にこんなにも大きな役割を与えていただいたことは何にも代えがたい大きな喜び。

単に目立つとか華やかとかそういう意味ではなく、それだけ関係者の方々が「加藤にならまかせられる」「加藤ならこの仕事ができる」と考えてくださったということ。自分が必要とされているということ。それが一番の喜びでした。

こうした仕事のことや家族のこと、アトピーについて、今まで公に話したことはありませんでした。隠そうとしていたわけではありませんが、あまり語ることでもないなと考えていたからです。

アトピーについては、子どものころに比べてだいぶ調子がいいとはいえ、完全に治ったというわけではありません。

病院からは「ストレスの多い仕事や睡眠がとれない仕事はやめたほうがいい」と言われています。

アナウンサーは、早朝から深夜までの不規則なお仕事。そのため、いつまた調子が悪くなるかもしれない、という不安は常に抱えてきました。

もし「無事に乗り切った」という感覚が得られれば、同じような悩みを抱えている人に少しでも知ってもらいたく、つぶさに語っていたかもしれません。しかし残念ながら、局員時代はそこまでの自信が持てませんでした。

加えて、情報を中立の立場でお伝えするというアナウンサーという仕事がら、個人的な辛い過去の経験を視聴者の方に知っていただいたところで、プラスに働くことはないだろう、むしろあまり望ましいことではない、とも考えていました。

昨年、三十代に入りました。これまでを振り返り、また今後の人生を考えたとき、気持ちに少し変化が訪れました。

少し歩くスピードを緩めて自分のペースで進んでもいいんじゃないかな。

これまでがむしゃらに仕事に打ち込んできた八年間。充実した日々は、今振り返っても宝石のように輝いています。しかし、ここで一区切りとして、新しく自分と仕事を見つめ直してみたい。

フリーアナウンサーになる決意をしたのは、そう思うようになったからです。


私にとって最も大切なもの、それは家族です。

両親はこの職業を選んだ私を、文句一つ言わずそっと見守っていてくれました。感謝の念は尽きませんが、二十代のころは忙しくて家族と過ごす時間がなかなか持てませんでした。これからは、家族の時間を増やしたい。

前述したように、特に母は苦労してきた人なので、私が仕事を頑張って、少しくらい贅沢な思いをさせてあげたい。

そして、私には「いつか自分の家族を築きたい」という夢があります。母を間近で見ていたせいか、〝子どものそばにいるお母さん〟への憧れも強く、愛する子どもたちに囲まれた生活をいつか叶えられるように歩んでいきたい。

もちろんお仕事も大好きなので、これからもずっと働き続けたいという希望もあります。

母親が働くことについては、いろいろな考え方があります。子どものそばにいて成長を見守ったほうがいいと言う人、子どものそばにずっと一緒にいるよりも、仕事を持って外に出ているくらいがちょうどいいと言う人、小さいころはそばにいて、小学生になったら働き始めたほうがいいと言う人もいます。

何が正解なのか、不正解なのかはわかりません。私の場合は、自分自身が学校から帰ってきたら母がいつもいて私の話を聞いてくれていたので、できれば自分も子どもにそうしたい。そうしているときが私が一番幸せを感じるときなのだろうと予感しています。


まだ独身の今は、生活のほとんどの部分は自分のために働いて、自分のために時間を過ごし、すべての行動が自分のための行動になっています。

でも私もそろそろ頑張りたいなあ。

母を見ていても、世の中のお母さんを見ていても、その強さと包み込むような大きな愛を感じ、とても素敵に見えます。

子どものため、家族のため、自分が愛している人のために生きているときが一番強くなれるし、何も怖くなくなる。そんなお母さんになるのが私の夢ですね。

子どもといえば、こんな話があります。

いつだったでしょうか、『めざましテレビ』でお料理教室を取材しました。男性の生徒さんが増えているという内容でした。

そこで取材した男性が、後日お手紙をくださったんです。

男の子のお子さんが生まれて、「リョウタ」という名前を付けることは決まったのだけれど、「リョウ」の字をどうしようかと悩んでいたのだそうです。ちょうどそんなタイミングで私がインタビューをしたので、「綾」の字を付けた、とのことでした。

すごい責任重大です。ちゃんと生きないとまずいなと思った瞬間でした。

この話にはさらに後日談が……。

プロ野球の取材のために横浜スタジアムに行ったときのことです。後ろからチョンチョンと肩を叩く人。

「覚えてます？　僕、以前、料理教室でインタビュー受けた者です」

「ええーっ」

球場関係のお仕事をされているそうです。まさかもう一度お会いするとは思わず、ビックリです。

リョウタくん、元気でしょうか。私に似て妙にお笑い好きになっていたりして（笑）。

テレビのお仕事をしていると、こうしてたくさんの人々とのつながりを感じられることがあります。視聴者のみなさんにはたくさんお手紙をいただき、応援していただきました。その一方で、ちょっとした発言が自分の意図したものとは違う意味でとらえられたり、ネットなどで批判されたりする怖さも隣り合わせにあります。

それだけ、言葉の力は大きいもの。

アナウンサーという職業柄か、言葉についてはよく考えます。

これまで番組を通してたくさんの方と出会い、たくさんの言葉を受け取る機会に恵まれました。それ以外にも、プライベートで読書をしたり名言集を読んだりして、感銘を受けた言葉もたくさんあります。

歴史的な偉人や、あるいは現代に生きる人でも、何かしら他の人がなしえないような業績を持っている方は、スッと心に入ってくる言葉をたくさん残しています。

何百年も前の古い言葉であっても今の時代にぴったり当てはまるような言葉がたくさんあることにも驚かされます。

「人間は変わらないんだな」「昔から人間にとって難しいことは、今でも難しいこと。同じなんだな」と思うと、つい笑えてしまうことも。

そういえば、こんな言葉に出会ったのもちょうど一年ほど前のことです。

夢なき者に理想なし、理想なき者に計画なし、
計画なき者に実行なし、実行なき者に成功なし。
ゆえに、夢なき者に成功なし

吉田松陰

今後の将来について悩んでいた私の背中を、この言葉が後押ししてくれました。

そういった言葉に出会うとメモに書き留めて、日常のささやかな心がけとして行動に移してみます。もし、誰かが悩んでいたら、「こういう素敵な言葉があったよ」と伝えたいなと思います。

言葉は時代を超えて、たくさんの人の心を癒やし、迷いから救うもの。言葉は大切にしなければ。だから、私は言葉で自分をごまかしたり、必要以上に自分をよく見せて飾ったりすることがないように心がけています。

フリーになって、雑誌などでインタビューを受けるようになり、これまで私がインタビューする側だったのに、逆に自分のことを聞かれると、どういうふうに話せばいいのかわからなくなってしまいました。自分のことを正確に伝わるように話すのは、本当に難しい。聞き役に徹してきた私が、自分の意見をきちんと言葉にできるか、自分の思いを伝える覚悟があるか、まだ戸惑うことばかりです。


三十一歳。フリーアナウンサー一年目。

社会人として人として未熟なところも多く、これから取り組んでいきたいことも数え切れないほどたくさんあります。

そんな私が自分のことを語る本を書くというのは少しおこがましいような気もしましたが、一つの新しい挑戦でもあります。また、夢半ばの今の私だからこそ、語れることもあるかもしれないとも思い、書いてみることにしました。

生きていると、嬉しい日、楽しい日、心身とも力がみなぎるような日があります。

でも、同じくらい悲しい日、辛い日、心が折れそうな日も、やはりありますよね。

そんな山あり谷ありのなか、私は七年半毎朝、生放送のカメラの前に立ち続けました。

学生時代の私にはまったく想像できないようなめまぐるしい日々。

今思えば本当に貴重な経験で、助けてくださった先輩アナウンサーや共演者の方々、スタッフの方々、そして何より番組を見てくださった視聴者のみなさまには感謝の気持ちでいっぱいです。

今、私がここにいるのは、あの一日一日があったからこそ。

これまで局員時代を支えてくださった関係者、視聴者のみなさまへのお礼と、新しいスタートを切った証しの意味をこめて、あのとき話せなかった私の気持ちを、あのとき笑顔でいられた33の言葉とともにこれからご紹介したいと思います。

心のハンドルを
ぎゅっとにぎる
33の言葉

幸せのハードルは
低いほうが楽しい

幸せのハードル――。それが私にとって人生を楽しむヒントとなっています。

「はじめに」でも触れましたが、私は子どものころ、アトピーのためにお米も小麦も、油ものもお肉も食べることができませんでした。許されていたのは、お野菜、それとアレルギー対応食品だけ。ハンバーグやケーキなど、子どもたちに人気のいわゆる「ごちそう」は何一つ食べられませんでした。

今では(お肉は少々苦手ですが)自由に食べらるようになりました。いろいろな食材、料理を、体調を気にすることなく自由に食べられるということは本当に素晴らしいこと！

よくいろんな人から「加藤さんって本当においしそうに食べるよね」と言われるのですが、私にとって食事は、みんなと同じものが食べられるだけでものすごく幸せなんです。

だから、自分では意識していませんが、食べるときの顔は本当に幸せそうな表情をしているのだと思います。

「なくしてわかるありがたさ」……と言いますが、確かにこういうことは、自分が不自由な状況になって初めて、いかに恵まれていたかを知るのかもしれません。

幼少期は苦労しましたが、その分、日常の些細なことに大きな幸福を感じることができるようになりました。

朝までぐっすり眠れること。
起きて、深呼吸ができること。
鏡を見て、笑えること。
朝、洗顔ができること。
メイクができること。
外出できること。
歩いて駅まで行けること。
友だちとランチができること。
お酒が飲めること、夜更かしできること。

私にとってはいつも「特別に嬉しい」ことなんです。
夜、ぐっすり眠ることができるだけで幸せだなあと感じます。アトピーがひどかった時期は、いつも体のどこかにムズムズとした違和感があり、イライラして不眠になりました。どんなに疲れていても、落ち着いて眠れないんです。これは本当にキツい。眠れるのも健康体でいられるからこそ。

朝、起きて何も気にかかることがなく、鏡を見ることができるのも幸せです。掻きむしった赤い顔を見ると気分は落ち込んでしまいます。顔を洗うときに手触りに違和感がないのも、健康な皮膚があるから。

お化粧ができるのだってそう。「あ、肌の調子がいいから今日はメイクしてもよさそう！」それだけで気分があがります。

肌の状態が悪化した中学時代は、メイクできるなんて夢のまた夢。「私は大人になってもお化粧できないんだろうな」と不安に思っていました。だからこそ人一倍メイクには憧れがありました。高校生時代にメイクをしていたのも無理と思っていたことができるようになり、つい舞い上がってしまったという理由も一つとしてあります。

会社に行くことができるのも、お仕事をいただけるから。

『めざましテレビ』に出演していたころは、毎日深夜三時半に出社していました。前日、夜十時まで仕事をして睡眠時間が三、四時間しか取れないことも珍しくありません。

かつての私だったら、睡眠不足は肌にとって最大の敵。翌日、人前に出ることなんてとても考えられませんでした。

いちいち幸せだなあ……そう感じながら気づいたのは、

「私、幸せのハードルが低い！」

ということ。アトピーで苦しんだ時期は大変だったけれど、あの体験があったからこそ、幸せを敏感に感じられる体質になっていたようです。多くの人にとって当たり前の日常でも、本当は何一つ当たり前なんてない。とても恵まれた幸せなことなんだと思います。

幸せのハードルをぐっと低くするには、まず、一見「当たり前」に見えることは、実は当たり前ではないということに気づくことから始まるのかもしれません。その感覚は私の肌に染み付いているようです。

みなさんも心の中の幸せのハードルをいつもよりほんの少し低くしてみてください。毎日に〝楽しい〟が増えるかもしれません。

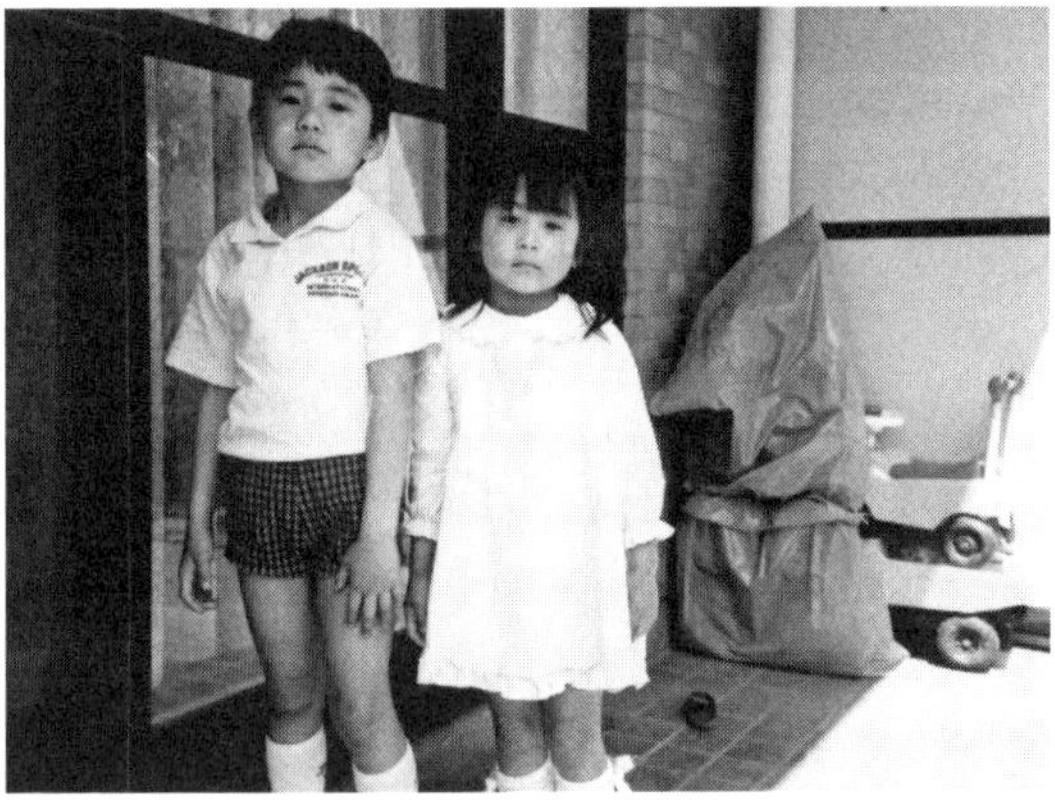

お兄ちゃんと一緒に（四歳）。アトピーで頬っぺが赤く。

涙を止めるのは笑顔しかない。
つくり笑いであっても

子どものころから、好きなテレビ番組はバラエティ番組でした。家族でテレビを囲んで、番組を見ながら「ちょっと見てこれ！」「ウケる！」なんてツッコミを入れながら、声を出して大笑い。楽しい時間です。

就職して一人暮らしをするようになってからは、さすがにテレビに向かってツッコミを入れることはありませんが、それでも私は一人でもよく笑っているようです。でも、やっぱり一人で見るより、みんなで見たほうが楽しい。テレビに関わるようになり、改めてそう思うようになりました。ちなみに、家にいるときは、テレビはほとんどつけっぱなしです。

家族や友人と話しているときも、よく笑います。近所の人からも「いつもニコニコしているね」とよく言われていました。

中学校の卒業アルバムを見返してみたら、「明るい人ランキング」でなんと第一位になっていました。確かに、写真ものすごい笑顔で写っています。

もともとの性格が明るいということもあったと思います。でも、中学一年生から中学二年生の夏にかけてはアトピーがひどくなり鬱々としていました。だからこそ肌が回復した三年生のときは自然と笑顔がいっぱいだったのかもしれません。

肌を気にせずに普通に生活できる、それだけで私にとっては嬉しくてたまらなかったので、笑えるというただそれだけのことが本当に素敵なことだと思えました。

母もとにかくいつも笑顔。

幼稚園のとき、雑穀米のお弁当を「虫を食べてる」と言われてしまったことを報告したら、母が笑い飛ばしたというエピソードは先ほど触れましたが、一事が万事そんな感じです。そのせいか私自身も何かちょっと嫌なことがあっても、笑顔で話して笑いのネタにするようになりました。意識をして「笑顔をつくろう」としているのではなく、自然と笑えることを見つけたくなるんです。

「笑う門には福来たる」ということわざもありますが、大人になってオードリー・ヘプバーンのこの言葉を知りました。

この世で一番素敵なことは、
笑うことだと、心の底から思います

改めて笑顔の大切さを心に刻みました。

毎朝テレビに出るようになって「あの笑顔、どうやってつくるのですか」と聞かれることも多いので、舞台裏を明かしますと……。

当時、深夜一時に起きていたので、出勤時はまだ眠くてボンヤリ。「おはようございます（小声）」と静かめです。そこへ、スタッフさんの「おはようございまーす！」という元気な挨拶。夜通し働いていらっしゃるスタッフさんも多いので、完全に目が覚めているから元気がいいんですね。その声につられて私も元気が出てきます。挨拶って本当に大切。

スイッチが入りだすのはメイク室で。メイクが終わって顔がシャッキリして、元気六〜七割というところでしょうか。その後、オンエアに向けて一時間ほど打ち合わせがあり、話しているうちに頭がスッキリとクリアに。出演者はみんな仲が良く、笑い話もポンポン飛び出すので、ここではもういつカメラを向けられてもＯＫな、１００％の笑顔になっています。

放送中も、ＣＭの間などに先輩や後輩のアナウンサーと冗談を言い合って笑っています。

だから、CM明けも自然な笑顔に。

笑っていると楽しい。笑っているから楽しい。

笑顔についてですが、私の場合、笑いすぎて「ゲラゲラ」と大口を開けてしまうので、入社したてのころはそれを抑えようと意識していました。

気をつけていたのはそれくらいで、鏡を見てきれいな笑顔をつくろうといった、笑い方の研究は特にしていません。アナウンサーとしても、滑舌練習はあっても笑顔の練習はありませんでしたね。

なかなか笑顔をつくることができないという方に、強いてアドバイスをするとすれば、「リラックス」でしょうか。「きれいに笑おう」「目を大きく見せよう」と意識すると顔に力が入って不自然になってしまうので、力を抜いて口角を少し上げるとよさそうです。

そんな私ですが、上手く笑えてない、心の端っこが重いということももちろんありました。心理的な理由もそうですが、身体的な理由が大きい。

疲れがたまってしまうと、些細なことでも傷つきやすくなります。体力が回復してから考えるとまったく大したことではないのに、なんでもかんでもネガティブにとらえてしまいがち。体と心はつながっているんですね。
そのときは、わけもなく涙がこぼれ落ちそうに。しかし、泣いてるところを見られてスタッフさんにも心配をかけたくないので、必死で笑顔を保とうとしていました。自然とそういうクセが付いてしまっているんです。

涙を止めるのは笑顔しかない。つくり笑いではあっても。
本当にどうしようもないほど悩んだり病んだりしているときでない限り、多少のことなら笑顔をつくることで気持ちがついてきて明るくなります。

笑顔ってやっぱりいいですね。

一生懸命じゃないから悔しくないんだ

「ピアノを習ってるってカッコいいな〜、私も習いたい」

「お兄ちゃんがやるなら一緒にお習字とプール、私も行きたい」

習い事を始めたのは、そんな単純な動機からでした。

どのお教室も近所にあり、遊びの延長で通っていました。特に五歳から習い始めたピアノ教室は、我が家からほんの百メートル先のところ。先生は、兄の友人のお母さまです。

ピアノを弾くことは大好きで得意なほう。

レッスンで音当てをすると、不思議とよくわかり、

「綾ちゃんは、音感があるね」

と優しく誉めていただきました。それが嬉しくて続けていたようなものです。

それに私は幼いころはあまり緊張しないタイプでした。

小学校低学年のコンクールでは、母がステージに上がって補助ペダルをセットしてくれたのですが、「他人に見られている」という感覚がまったくなかったんでしょうね。本番にもかかわらず舞台袖に去って行った母に大声で一言。

「ママー、普段通りに弾けばいいんだよね？」

友だちも数人、同じ教室に通っていたのですが、「負けたくない」「もっと上手く弾きた

い」という気持ちはありませんでした。

そんなのんびりした環境と性格でしたから、いざ音大附属高校に入学したときに、頭をガンと殴られたような衝撃を味わったんです。

周りの子のレベルの圧倒的な高さ、その気迫！

「今までは大して練習しなくても、学校でピアノ伴奏をまかされ、友だちから『上手だね』と誉められていたけれど、私、それほどでもなかったんだな……」

まさに井の中の蛙が大海を知ったような、初めての戸惑いでした。

ピアニストを目指す子たちの中には、高いレッスン料を払って遠方まで特別な教室に通ったりと個人レッスンをつけたりとスパルタ的な環境に身を置く子も少なくありません。

一方、私は幼稚園からずっと同じお教室（最終的に大学入学まで師事しました）。

母も「コンクールに入賞しないと」「もっと上を目指さないと」と言うタイプではまったくないので、甘いと言えば甘い。

そもそも、高校受験の段階で心構えが違いました。

私が進学した音大附属高校には音楽科と普通科があり、普通科は主に音楽の先生を目指すコース。プロの演奏家を目指すなら音楽科。私が入ったのは普通科です。

ピアノの先生からは音楽科の受験を勧められていたのですが、「もし合格できなかったらどうしよう……」

失敗することが怖くて、音楽科の受験を断念したのです。母も「無理しなくても、綾子がのびのびできるところがいいよ」という考えでした。

ピアノだけではなく、すべてそういうふうに生きてきました。

いつも「ここで充分」と思う。どんなときでもどんな状況でも基本的には満足。その点は私の長所でもあります。しかし、裏を返せば現状を超えたい、もっと高みを目指したいとも願うことがない。一生懸命になれていなかったということです。

母の影響も大きいと思います。母は自分から「これが欲しい、こんなことをしてみたい」という欲があまりない人。子どものころから「贅沢はだめ」と言われて育ち、自分よりも家族や他の人のために尽くすべきという考え。よく言えば慎ましく、悪く言えばカタい。どれくらいカタいかというと……人からいただいたお財布を「もったいない」と大切にしすぎてなかなか使えないし、ドリンクバー一つ頼むのもためらってしまうくらい！

そんな母の姿を子どものころから見ているせいか、私自身も自然と身の回りにあるもので満足しているところがありました。

それは今になって改めて思うところで、当時は自覚していませんでしたが、「もっと上へ」と願わないから、超えられない自分に対して悔しいという感情も起こりませんでした。高校、大学とせっかく大好きなピアノにどっぷり浸かれる環境だったにもかかわらず、この性格が影響し、ピアニストになる夢は早々に諦めました。それは挫折でもなんでもない。自分にできなさそうなら、できることをすればいいという考えだったからです。

今はこう思います。「悔しい」と思う気持ちをネガティブにとらえずに受け入れて欲しい。もちろん、悔しくて嫉妬して人を羨んでばかり、それはよくありません。でも悔しさを感じて努力する、それはとても大切な感情だと思います。先ほども言いましたが、私はアナウンサーになって初めて悔しいという思いを持てたのです。

ちなみに、なぜ私がアナウンサーという職業を選んだのか――。

大学三年生になりそろそろ就職活動が始まるというころには、「音楽の先生になりたいな」とぼんやり考えていました。すると、当時お付き合いしていた彼にこんなことを言われたんです。

「君にはなにか魅力が足りないんだよね」

彼は当時社会人になりたてでした。周りに仕事で輝いている魅力的な女性が増えたのだと思います。

「先生になるのが目標というけど、どうしてもなりたい、というふうにも見えないし」

そう言われては私も反論できません。実際その通りでしたから。

そこで彼が何気なく言った一言が私の人生を変えることになるとは。

「たとえば、毎日違う情報を伝えるアナウンサーなんて、すごく刺激的な仕事でしょ。魅力的な女性になれるかもね」

こうして書いてみると唐突にもほどがありますが、恋の力(!?)とは大きいものです。アナウンサーになるなんてそれまで頭をかすめたことすらなかったのに、彼に頑張っている姿を見せたいという一心で親にも相談せずアナウンススクールへ通い始めました。通ううちに言葉で伝えることの楽しさに目覚め、真剣にアナウンサーを目指すように……。

後日談としては、そのときの彼に先見の明があったわけではなく、どうやらミーハーだったようです。彼は私の就職活動中に浮気をしていて……。結局すぐに別れてしまいました。本気で自分を懸けられる仕事を見つけるきっかけを与えてくれたわけですから、今は感謝しています(笑)。

「なんやねん、カッコつけやがって」

——明石家さんまさんの言葉

〝自分〟ってなんだろう。

アナウンサーになってから、そんな壁に直面しました。

頭の中を「アナウンサーとしてどうあるべきか」ということばかりが占めていたんです。

「アナウンサーは、こんなことをしてはいけない」

「こんなことをしたら、フジテレビのイメージに傷がつくのではないか」

ちょっとしたコメントをするときでも、自分の意見より〝フジテレビの女性アナウンサー〟としてのイメージにそぐうものでなければならないと考え、言葉につまってしまっていました。

特に新入社員のころ、新しい環境にまだ慣れていないのに、そんな気持ちでいたのですから、当然、自分を見失ってしまいます。

もう何がいいのか悪いのか、わからない。何をしても悪いように思われる気がする。オンエアが怖くなってしまいました。

そんなあるとき、さんまさんからアドリブで意見を求められたときのこと。

「アナウンサーとはこうあるべき」という呪縛に囚われていた私は、マニュアルに書かれているような、それこそロボットでもいいんじゃないかというような、ありきたりの返答をしてしまいました。

すかさず、さんまさんのツッコミ。

「なんやねん、お前、いつもカッコつけやがって」

このとき、「あ、確かに」と。さんまさんの言葉がパンッと入り込んできました。

私、カッコつけてる。自分が「理想のアナウンサーとして認められたい」と思ってる。たとえば今なら、さんまさんに「どんな人が好きなんや？」と聞かれたら、私が何を言ってもさんまさんが話をうまく広げてくれるという安心感と他の出演者の方々の包容力で「結構、マッチョが好きなんですよ～」と笑いにつなげられるような返しをすると思いますが、当時はこう。

「優しい人です」

「なんや、つまんないな、おまえ」

話はそこで終了。

アナウンサーとしてのイメージを持つことは大切かもしれませんが、理想を追い求めても、自分が生まれ変わってその姿になれるわけではないですよね。

それなら、もっと自分らしくいよう、自分を出すことが悪いわけではないんだ。それならきちんと自分が考えた自分の言葉でコメントしよう、その発言に責任を持てばいい、ということに気づきました。

それからは、少しずつ私らしいコメントができるようになりました。

自信はまだまだないけれど、素直に、飾らず、思ったままを発言すると、心なしか、さんまさんが以前よりも笑ってくれるようになった気がしました。

「そうだ、一人でガチガチに頑張る必要はないんだ。せっかく隣にさんまさんがいてくれるのだから、全面的に信頼して胸を借りればいいんだ」

こうして、言葉を発することの恐怖心が消えていったことをよく覚えています。

そのうち、私の〝ゲラゲラ笑い〟を「自然体でいい」と言ってくださる声も社内から聞こえてきました。アナウンサーとしてマイナスだと気にしていたのに、不思議なものですね。

〝たくさんの人から見られる〟ということを納得し、受け入れるまでに、そう長い時間かからなかったのは、あのときのさんまさんのツッコミのおかげです。

さんまさんにはフリーになることを報告をしたとき特に大きな反応はなかったように思います。何かあったからといって、態度が変わらない、それがさんまさん。

ちなみに私はさんまさんに毎年手作りのお誕生日プレゼントをお渡ししています。考えに考え、ここ数年は愛情をこめたオリジナルのものをと思って、絵柄を自分で描いて完成させるマトリョーシカにしています。今年は何の絵を描こうかな〜と思っている時間が楽しいんです。ちなみに、さんまさんからは「またか！」と迷惑がられていますが……(笑)。

さんまさんの言葉から知った、取り繕うより等身大の自分を見せること。脚色をしないこと、飾らないこと。大切なマイルールです。

さんまさんへ贈ったマトリョーシカ。一週間頑張りました！

あなたはあの子には絶対になれない。
あの子はあなたには絶対になれない

自分に持ってないものを数え上げて、持っている人と比較したり落ち込んだりすること、ありますか。

したくないと思ってもつい……そんな経験が私にもあります。フジテレビに入社したばかりのころのことです。

「なんで私にはできないんだろう」

他の人とくらべてはたびたび落ち込んでいました。録音された声を聞いては「聞き取りづらい」とガックリ。他のアナウンサーの仕事を目にしては「私にはあんな質問出てこない。才能がないんじゃないか」。何をやっても、何を見ても「私にはできない」という感情が重なり続けました。

実際、他のアナウンサーと比較されることが多かったせいもあるかもしれません。比較されるということは、自分の足りない部分ばかり見られているということ。

それが引き金となったのか、自分の立ち居振る舞いすべてが気になるようになり、身動きが取れず息苦しさを感じました。

そんなとき、大学の声楽の先生の言葉をふと思い出しました。

「あなたはあの子には絶対になれない。あの子はあなたには絶対になれない」

これは私に対しての言葉ではありません。声楽科でトップを争っていた学生二人への言葉です。

彼女たちはどちらも素晴らしい声と才能の持ち主。しかし、そんな二人でもお互いに「私はあの子のようになれない」と思い悩んでいたそうです。

「だから言ったの。『そんなの当たり前。あなたはあの子には絶対になれない。同じようにあの子もあなたにはなれないんだから、あなたはあなたのよさを引き出すべきよ』って」

実は、先生からその話を聞いた当時は、なんとなく「ああ、確かにそうだな……」と思うくらいで、実感もなく心に響くほどではありませんでした。

学生時代の私は、周りの学生の才能を目の当たりにしても「なんで自分には無理なんだろう」と落ち込むこともなければ、他人と比較するという感覚すら持っていなかったんです。

上手い子を見れば、素直に「あの子はスゴイ！」と誉めることができる。それは、決して大らかなのではなく、心のどこかで「私はそこで勝負しているわけではないから」と言い訳をして逃げていたんだと思います。

私は社会人になって初めて「逃げてはいけない」「一生懸命頑張りたい」と思うようにな

りました。だからこそ自分の足りない部分が目につくし、人と比較もしてしまう。

他人と比較するということは、一生懸命になっている証しなのかもしれません。

しかし、どんなに比較したからといって、あの人にはなれない。いや、むしろ、あの人と同じ人間なんて必要ない。先生の言葉でそう思い直してから、胸のつかえがとれました。

相手のいい所は素直に認めるけれど、むやみに羨ましがらない。その分、自分のいい所を伸ばそうと努力する。そう発想の転換ができました。

あの人にはあの人のできることがある。

自分には自分のできることがある。

熱意のある学生だったとは言えないけれど、音大で身についたものはあったんだなとつくづく思います。それが入社後にこんなに生きてくるとは、なにごとも経験は今につながっていますね。

お箸の扱いは、テレビに映っている

私、実はかなりガサツで……。子どものころから、ことあるごとに行動が「男の子っぽい」と言われていました。

食事も口いっぱいに頰張って、モリモリと食べる。中学三年生のときには、給食ですぐにおかわりに行けるように、率先して「いただきます」を言う係になっていました。「いただきます」と言うと同時に駆け出して、もう一皿用意しに行くんです。アトピーで食事に苦しんでいた分、普通に食べられるということが特別に嬉しくて。

さすがに大人になってからは食事のマナーには細心の注意を払っていますが、誰もいないときは、つい……。ハッと気づいて反省しています。

アナウンス室では、電話が鳴ったらワンコール以内に出なければならないという決まりがあるのですが、ちょうどお昼ごはんを食べているときに電話が鳴り、焦ってお箸を丼の中に置いたまま受話器を取ってしまったことがありました。

その様子を見ていた先輩に、ピシャリと叱られました。

「加藤、何やってるんだ。そういうお箸の扱いとか、行儀の悪さはいくら隠していたってテレビに映るんだぞ！」

確かに、スタジオでどんなに取り繕っても、ふとしたときに日常の仕草は出てしまうもの。姿勢、歩き方、日常のふとした言葉遣い……気をつけるようになりました。

その先輩は厳しい方でさまざまな面で注意を受けましたが、のちによき理解者にもなってくださった方でもあります。どんなに厳しくとも、それは私のため。きちんと指導してくださる先輩はありがたい存在です。本当に私は周りの方に恵まれていたのだとつくづく思います。

とはいえ、最近も父と母からは「テレビに出ていると、綾子がきちっとしているみたいに見えるから、不思議よね〜」と言われてしまいます。

一昨年、夏休みを二週間いただいたので、しばらくの間実家でのんびり過ごしました。ソファに寝転んでお菓子を食べながら、『バイキング』を見ていたら、「今日は加藤さんは夏休みでお休みです。今ごろ何をしているんでしょうか。海外で羽をのばしてるんですかね？」と言っていたので母が大爆笑しながら一言。

「まさかソファでお菓子をバリバリ食べながら番組を見ているとは思わないわよね。この姿、見せてあげたいわ」

私も思わず笑ってしまいましたが、気をつけなければ！　ですね。

ちなみに、私はガサツではありますが、細かい作業は嫌いではありません。

ネイルもサロンではなく自分で塗っていますし、携帯ケースを自分でデコレーションすることもあります。そう言うと、後輩たちは口々に、

「加藤さんって、女子力高～い！」

と誉めてくれるんですが、それは女子力……とは違うんじゃないかな？（笑）

思考に気をつけなさい、それはいつか言葉になるから。

言葉に気をつけなさい、それはいつか行動になるから。

行動に気をつけなさい、それはいつか習慣になるから。

習慣に気をつけなさい、それはいつか性格になるから。

性格に気をつけなさい、それはいつか運命になるから。


――マザー・テレサの有名な言葉です。いつも心に留めています。

「人に認められようと期待しなければ、
自然と尊敬され、
認められるようになるものよ」

――グロリア・スタイネムの言葉

私は入社するまでは学生感覚で「人に認められる＝仲良くなること」というように思っていた気がします。

たとえば音大時代は授業の時間以外でも先生とよく話をしました。お話をして仲良くなればなるほど自分をわかってもらっているようで、認められているような気がふんわりとしていました。

ですが会社に入ってすぐに、それは〝甘え〟だと気づいたんです。仕事ができる、尊敬できる先輩の姿を見ていると目が覚めるようでした。会社で認められるということはきちんと仕事ができるということ。先輩や後輩とたくさん会話を交わして、食事に行き、仲良くなる、ということとはまた違う次元なんだな、と。

もちろん仲良い関係は大事です。でも仕事の評価には線引きをする。自分自身をこう見て欲しい、こういうふうに仲良くしたいということではなく、与えられた仕事をとにかく真剣にこなそうと思いを改めました。

入社三年目でした。私の七年先輩の高島彩さんが退社することになり、『フジアナスタジオ まる生』というCSの番組で、彩さんの卒業企画をすることになりました。

先輩アナの中村光宏さんと遠藤玲子さんと彩さん、私の四人が出演し、トークを繰り広げる番組です。その番組の最後に彩さんからみんなに一言ずつメッセージをいただくことになり、最後に私の番が回ってきました。

「加藤はね……特にない」

そう言われて「えーっ!」と驚いていたら、ニッコリ笑ってこうメッセージを続けてくれたんです。

「加藤には、私がやってるものは全部まかせられると思うな」

この言葉を聞いたとき、ふと涙ぐんでしまいました。

彩さんは大先輩で、本当にお忙しい方でした。番組での共演もほとんどなく、普段お話をする機会も多くあったわけではありません。しかし、言葉を交わすことがなくても、それは私にとって大切なエールになりました。「もっと頑張ろう」と気持ちを奮い立たせてくれたんです。

先輩と仲良くしてかわいがってもらうのも、もちろんいい関係です。しかし、先輩と後輩の関係はそれだけではなく、一対一、それぞれ自立して、それぞれの方法で頑張っていくのもまた、いい関係ですよね。

そんなとき、ふと目に留まったのがこの一文。アメリカの有名な女性活動家、グロリア・スタイネムさんの言葉でした。確かに人に認められるって、とても難しい……。

私は誰かに認められたいと頑張るのが悪いことだとはまったく思いません。でもしっかりと頑張っていれば自然と認められることがある。人からの評価を気にするのではなく、自分に恥ずかしくない仕事をしていきたい、そう思えるようになりました。

言葉よりも行動で伝えたい

「仕事をしていくなかで多少の誤解は防ぎようがない、100%自分の気持ちを理解してもらうことは難しい」そう割り切ろうと思うようになったのは何年目のことでしょうか。投げやりになっているわけでも、諦めているわけでもありません。

ただ、いくら言葉で説明したり、言い訳しても誤解を生んでしまうことは避けられない。それよりも、態度で示すことが一番なのだと思うようになりました。

入社二年目のこと。新番組『ホンマでっか!?TV』の進行役に抜擢され、やる気に満ちあふれていました。

『ホンマでっか』のスタッフさんから打ち合わせをしたいとアナウンス室に電話があったようでした。私は当時、『めざましテレビ』の姉妹番組で早朝四時から始まる『めざにゅ~』に出演していたため、電話に出たデスクの方が「早朝の番組終了後、お昼近くまで長時間待たせるのはかわいそうだろう」と気を遣ってくださり、打ち合わせの開始時刻を午前九時に設定してくださっていたのです。

でも、バラエティ番組担当のスタッフさんたちは夜中までお仕事していることがほとんどなので、通常、出社はお昼の十一時や十二時。

先輩のお気持ちはたいへんありがたいのですが、私はまだ二年目の新人。『ホンマでっか』スタッフさんの心情は推して知るべし。スタッフさんは、「加藤が九時を指定した」と思ったようです。

打ち合わせ当日、そうしたいきさつは何も知らずにミーティングルームへ行った私。部屋に入るなり、スタッフさんが冗談めかしてこう言いました。

「まったく、新人に合わせて朝九時に来ないとならないなんてなあ……」

顔からサッと血の気が引きました。とにかくその場は謝るしかありませんでした。

このときは、スタッフさんが直接私に指摘してくれたからまだよかったのですが、その場では何も言わず、陰で悪評が広まることもあるでしょう。

一方で、デスクの方は私のことを気遣って設定してくださったのですから、感謝こそすれ「私は何時でもよかったのに！」と責めるのは筋違い。

当たり前のことですが、忙しいのは私だけではありません。他のスタッフも徹夜仕事。みんなそれぞれ忙しいのです。

この件以降、朝の打ち合わせのときは相手が快く承諾してくださった場合であっても、お会いしたときに「早い時間で大丈夫でしたか、すみません」と必ず一言添えるようにしています。ちょっとしたことではありますが、こうした態度やコミュニケーションこそ大切にしなければと今も心がけています。

このチームでの仕事は今も続いていて、今年で八年目に入りました。あの気づきがあったからこそ、いい関係が築けたのだと思います。

自分が変われば相手も変わる
心が変われば態度も変わる
態度が変われば行動も変わる――

誰の言葉かわかりませんが、こんな一節も心に留めています。

雑音は聞き流していいんだよ

雑音は聞き流す。


簡単なように聞こえますが、これが意外と難しい。

もともと、自分にとってのネガティブな言葉は聞き流して、距離を置けばいいものをなかなかそれができない性格でして……。

どうしてなんだろうと考えてしまい、気持ちが引きずられることが多かったんです。入社してまもなく、昔の写真が週刊誌に報じられた時もそうでした。周囲の反応が気になったり、「会社に迷惑がかかる」「こんなことなら採用しなければよかった」と思われてしまうのではないかと不安になっていました。

不安が大きくなるあまり、勝手に自分の中でもたくさんの雑音を作り出していたんです。

ところが、意外にも上司から特別な話はありませんでした。それどころか、気にしている様子がわかったのか、大ベテランの男性アナウンサーの先輩が、私を気遣ってこう言ってくれました。

「雑音は聞き流していいんだよ」

何の件と言わずに、ただこの一言。あえて踏み込まず、サラッと気遣う。これもまた優しさですよね。本当に救われた思いでした。

あのときは自分のことでいっぱいいっぱいだったけれど、後輩が同じような穴に落ちてしまったら、今なら先輩方と同じことを言うと思います。

人から何かを言われたとき、以前の私は全ての言葉に真正面から向き合おうとしすぎていたんだと思います。でも歳を重ねるごとにいつの間にか強くなったのでしょうか。

何か心がチクリと痛むようなことを言われたときの私なりの対処法を見つけました。

それはいい意味での〝バカ〟になることです。

「何を言ってもおもしろみがない」と思われるような反応をするんです。相手が心を乱すようなことを言ったりするのは、傷ついてオロオロする姿を見ておもしろがりたいだけだと思います。だから、そのゲームには決して乗らないようにする。

「そうですね〜」と、ただ笑って受け流してしまいます。自分のやるべきことに集中する。

自分の道を一生懸命に走っている人はきちんと雑音として聞き流しているんでしょうね。

就職試験のときに提出した全身写真です。

とらえ方次第で、
すべて価値のあるものに

悪口ってどう思いますか？　まったくなくすというのは難しいですよね。

もし仮に自分の悪口が耳に入ってしまったら……私は、エールに変換してみます。

「嫌みを言ってもらえるということは興味をもってもらえているということ！」

エール変換は、思った以上に大きなエネルギーになると思います。

たとえば、「ねえ、あの人のことどう思う。なんか怖いよね～」と、話の流れで陰口めいた話題になってしまったときです。

悪口は言わないこと、これは大事なルールだと思います。私も、基本的には悪口や愚痴は言いません。でもきれいごとばかりではいられないときもありますよね。

本当に嫌な思いをして傷ついたとき、多少の愚痴を吐きたくなるのは仕方がないことだとも思います。100%、万人に対して「いい人」である必要はないと思うんです。

むしろ心許せる仲間内で吐露してスッキリして、後に引きずらないようにしてしまったほうがいいときだってあります。

「今日、こんなこと言われちゃってさ……」

相手が私を信頼して心のモヤモヤを吐き出したいとやってきたにもかかわらず、「私は悪口は絶対言わない」と頑なに口を閉ざすのも、少々窮屈です。

こんなときは、「自分も同じように感じるかどうか」を判断基準にしています。同じように感じることがあれば、

「ああ、あの人でしょ、怖いよね、わかる、わかる」

と同調することも。しかし、単におもしろがるために言っていたり、こちらから悪感情を引き出そうとするような雰囲気であれば、それには一切乗りません。

逆に、私が愚痴を吐きたくなったときは、相手が笑えるような話に変えて伝えようと心がけています。「これどう思います？　ヒドいでしょ？　私かわいそう！（笑）」という感じに。

笑いに変えると、その話が嫌な思い出として残らずにすむ。相手を嫌いにならずにすむんです。むしろ「そういう面もあったかもね」と相手を理解する心の余裕さえうまれるかもしれません。

そうそう、話す相手を選ぶことも大切ですよ。友だち感覚で話せる後輩や信頼できる先輩に限っています。

笑い話になった時点で自分の中でも消化できますし、相手がどうとらえるかはわかりませんが、不快感は多少軽減されるような気がするんです。

心のハンドルをぎゅっとにぎる

毎日の慌ただしい生活の中、心のどこかで自分らしく戻れる時間に飢えていたこともありました。

アトピーが出やすい体質だったことも含め、少し体調のバランスが崩れると、「また肌が荒れてしまったらどうしよう……」「今、呼吸が浅くなっているかもな」と気がつきやすいタイプ。そう思ったら、自分をきちんとコントロールすることに決めていました。意図的にわざと歩くスピードを遅くしたり、ゆっくり深呼吸したり、話すスピードを遅くしたりといったことを意識してやってみたりもしていました。


エネルギー源は人それぞれですが、私の場合は一人の時間です。

一人になってパワーをチャージし充電できて心の余裕を持つことで初めて、人と接したり、音楽を聴きたい、本を読みたい、と外部の情報を欲することができるんです。

〝一人〟が一番のストレス解消法になる私にとって、リラックス時間は自分で作り出すもの。

疲れているときのお誘いは、「とてもありがたいお誘いですが、今、自分の時間が少なく、少しでも空いた時間は体を休ませるか、勉強の時間に使いたい。すみませんが、欠席させてください」と自分の気持ちを正直に伝えることもありました。

わずかな時間でもいいので、テレビも消して、電話も切って、外からのインプットはすべて遮断、完全に一人になって過ごすという時間も大事にしています。

現代は常に他の人とつながっています。一人の時間が好きな私からすると、なんだか〝つながってないといけない〟という目に見えない鎖に縛られているように感じることもあります。

普段は、〝時間〟や〝情報〟という枠の中に自分をはめ込んでいるような感覚があるのですが、そこから解き放たれると、自由に、思いのままに手足を動かしていいという本来の感覚が戻ってくるように感じます。心身ともにリラックスできる瞬間です。

みなさんも疲れたときに試してみてください。エネルギーがどんどん湧いてきますよ。

これが私の心のハンドルをぎゅっとにぎる方法の一つです。しっかりとぎゅっとにぎって日々を運転していきたいです。

もちろんこれは私なりのリラックス法なので、人と会ったり話したりすることでリラックスできたり、パワーがみなぎる方もいらっしゃると思います。自分なりのリラックス法を見つけてパワフルに過ごせたらいいですね。

大切な友人は
黙っていても心地いい

友だちがたくさん欲しい！　と輪を広げたいタイプではないですが、信頼できる、弱みを見せられる友人はいます。とても大切な友人たちです。

つい先日も、高校時代からの仲良し五人組で〝女子会〟をしました。もう長い付き合いなので女子会と呼べるような華やかなものではありませんが（笑）。

音大附属高校だったので女子校ノリだったうえに、ほとんどのメンバーが大学も一緒。七年間共に過ごした仲間です。もう家族のような雰囲気ですね。結婚して二人のママになっている子もいれば、ピアノの先生をしている子、転勤して地方にいる子もいるので、会えるのは年に三〜四回でしょうか。

それでもみんなといると、ふと自分を見直し、素の自分に立ち返ることができる、かけがえのない存在です。

会えないときはもっぱらＳＮＳでグループの会話を楽しんでいますが、「既読スルー」をしても誰も気にしません。そのゆるい感じも私たちらしいな、と思います。

以前、友人の結婚式とちょうど忙しい時期が重なってしまい、出席できるかできないか微妙なことがありました。結婚式にはみんな揃って演奏するのが私たちお決まりの出し物。

でも、そのときは「綾子は、楽譜めくりね！」と。気を遣っているのかいないのか……なんだかそのほのぼのさに笑ってしまいましたが、本当に飾らずに付き合える仲間がいてよかったと心から思いました。

友だち関係で特に気をつけているルールはありません。気をつけなくていいからこそ長く続いているのかな。あ、いくら仲が良いといっても、相手にむやみに説教しないということはあるかもしれません。何か違うなと思っても、「やめなよ、違うよ」と厳しく言うよりも、まずは相手の気持ちに一緒に寄り添ってみる。それから聞かれたら自分の意見を伝えるようにしています。

そうそう、『めざましテレビ』卒業のとき、その四人がサプライズでお祝いをしてくれました。メッセージを寄せ書きして写真を貼った色紙をプレゼントしてくれて……。

みんなお酒がすすみ、少し酔っ払っていたのですが、赤い顔をして泣きながらメッセージを読んでくれました。

「毎朝、綾子が頑張っていたのを見てたよ」

と言ってもらって私も号泣。

この七年半、忙しくてなかなか満足に会うことはできなかったけれど、毎朝、みんなに応援されていたんだなあ……。その寄せ書きは、いつもベッド横のサイドテーブルに置いてあります。ちょっぴり落ち込んだとき、読むと元気をもらえるんです。

フジテレビの同僚も共に仕事を戦い抜いた大切な仲間。今もランチに行ったり、舞台を見に行ったり、先輩後輩関係なくよく連絡をとっています。

私は男女問わず、精神的に支え合っていないと立てないようなお互いに依存するような付き合い方はしないほうなのですが、「会いたいね」と思えて「会おうよ」と応じてくれる仲間がいることは大きな安心感につながっています。

友だちと会うとつい弾丸トークになってしまいますが、一方で何も話さず黙ってボーッとしていても気まずさはゼロ。「もっとおもしろいことを話さなければ」「もっと連絡をとらなければ」と「しなければいけない」ことが多い友人関係より、「黙っていても心地いい」関係が素敵だなあと思います。

「今の世の中、
優れた人物がいないと人は言うが、
上の者が優れている人物を好むという
ことさえすれば、人物がいないことを
心配する必要はない」

――吉田松陰の言葉

社会人になり初めての一人暮らし。仕事のことだけでなく生活面でもとても心細かったころ、今はもう退社してしまった大先輩の女性アナウンサーが、こんな言葉をかけてくださいました。

「私がお母さん代わりになってあげるから」

なんてあたたかく力強い言葉なんでしょうか。技術もない、経験もない、何もできない、ないないづくしの新人時代ですが、この言葉は大きな励みとなりました。私もいつかこんな言葉を言える人になりたい。

家族愛、男女の愛、愛にはいろいろありますが、師弟愛もまた尊いもの。愛情があれば、叱られても嫌な気持ちにならない。私も素直に受け止められました。

「根底に愛がある」と言うと、大げさなようですが、こういう気持ちは相手に伝わるものだと思います。後輩の失敗を〝自分の恥〟ととらえて感情的に怒るか、〝後輩のために〟と考えて厳しく指導するか。その違いではないでしょうか。

先輩からご指導いただいた恩返しとして、『めざましテレビ』出演時は、後輩といろいろなことを話しました。

たとえば、スタッフさんから「三十秒、受けてください」と言われたときの対処方法。

「〇秒前にこのコメント、〇秒前にこのコメント、と逆算して、時間を見ながら話すんだよ」とコツを教えたり。後輩の言葉遣いに対して「あのときはこちらの言葉を選んだほうが適切だと思うよ」とアドバイスしたり。

たった三～六歳離れているだけですが、みんな真剣に聞いてくれてかわいいなと思います。それにみんなが聞いてくれることによって私も〝先輩〟として育ててもらいました。

教えるの語源は愛おしむ

松下村塾で伊藤博文や高杉晋作ら多数の優れた弟子を育てた吉田松陰の名言です。

まさにこの名言通り、教えていると後輩への愛情が泉のように湧き出てくるのを感じます。もともと教えることが好きで、大学では音楽の先生を目指し、中学・高校の教員免許を取得した私。後輩との時間が癒やしでもあり、自分の存在意義がわかる時間でもありました。まるでお母さんの練習をしたような……もっとお母さんは大変だと思いますが、とても感謝しています。

思い返せば、私が長くピアノを続けてこられたのも、教えてくれた先生の愛のおかげ。レッスンが終わったあと、

「綾子ちゃん、今週はたくさん練習してきたね」

「綾子ちゃんはいつも楽しそうにピアノを弾いているね」

といった何気ない一言ですが、その言葉にとても愛情を感じました。だから、ますますピアノが好きになり、いつか先生みたいになりたいという憧れを抱くようになりました。

「今の世の中、優れた人物がいないと人は言うが、上の者が優れている人物を好むということさえすれば、人物がいないことを心配する必要はない」

これも吉田松陰の言葉です。

優れた人物がいないと嘆くのは筋違い。上の者が弟子を好めば、優れた人物になる。

吉田松陰について詳しいというわけではなかったのですが、この言葉に出会って以降彼の言葉に惹かれるように。状況は変化していくけれど、行動理念や志というのは、いつの時代も変わらないのだと思うと何だかおもしろいですね。

「逃げること」∨「続けること」
という気持ちを持つ勇気

『めざましテレビ』の前に出演していた『めざにゅ〜』を含めると、早朝の番組は七年半。『めざにゅ〜』は深夜一時起き、『めざましテレビ』は深夜三時に起きる超朝型の生活です。

実は、『めざましテレビ』のメインキャスターとなって二年ほど過ぎたころから体力的な負担を少しずつ感じるようになってきました。

精神的には「まだまだ、まだまだ大丈夫」と思ってはいましたが、その気持ちが揺らいだのは、二〇一四年秋のこと。『めざましテレビ』生放送中に倒れてしまったんです。

その日は風邪気味でしたが、出社時はそれほど調子が悪いわけではありませんでした。

「よし、いける！」

そう気合を入れて、本番スタート。ほどなく、突然クラクラし始め、だんだん呼吸が浅くなり、立っているのがやっとという状態に。

それでも映っている間は、倒れてはいけないと思い、「ちょっとすみません」と隣のアナウンサーの腕をつかもうと助けを求めた瞬間にその場に倒れてしまったようです。

気がついたときには裏で横になっていました。後から人に聞いたのですが、カメラが切り替わった瞬間、崩れるように倒れたそうです。体調はそれほど深刻なものではなく、翌々日には、通常通りの仕事に復帰。

ただ、数年前に『ホンマでっか!?TV』の収録中に倒れたこともあったんです。心の中ではいつも「もっと頑張ろう」「これくらい平気」と自分を鼓舞し続けていました。でも体のほうが先に悲鳴をあげてしまっていたようです。

仕事は気力、体力の両方がないと続きませんよね。気力が充実しているときは、体力の不安を気力で補おうとしがち。当時の私もその状態でした。どうして頑張るのか、それは仕事が大好きだからにほかなりません。周りのスタッフさんとチームを組むのはとても楽しいですし、関係者や視聴者の方から「めざまし、見てるよ」「頑張って」といった声をいただくのも嬉しい。

必要としてもらえるのが嬉しくて、一生懸命、ただ前を向いて走り続けてきました。

しかし、自分の体、そして心と向き合うようになり、退社ということを意識し始めるようになりました。でも私の中では迷いがありました。体調の不安をきっかけに退社するなんて、何だか悪いことをして逃げるのと同じことのように思えたんです。

年末の特番の収録がどんどん入り、多忙を極める時期になってきました。来年も再来年もこのようなライフスタイルが続くのかな……と考えたとき、三十代になったせいか、今までにない不安がどっと押し寄せてきました。大好きな仕事を失う恐れもあるけれども、一度人生をリセットする勇気も必要なのかもしれない。今が決断のときなのかもしれない——。

決意をし、会社に報告をしたのは二〇一五年十一月。

「与えられた仕事は最後までやり通す」「目の前の壁から逃げ出さずに乗り越えようとすべき」、周りの大人たちからそう教えられ、言われた通りに頑張ってきた人も少なくないでしょう。私自身がそうでした。「この仕事は加藤だからお願いしたい」と言われると、その気持ちに応えることを最優先し、つい頑張りすぎてしまう。そうした自分の性格もよくわかっていました。

でも、自分を守れるのは自分だけしかいません。

「このままでは、マズいことになる」と俯瞰して自分の今の状態を把握することの重要性に、このときになってようやく気づいたのです。

自分を守るためには、時には大切な人や物事に不義理を働いてしまうこともあると思います。フジテレビも『めざましテレビ』も私にとってはとても大切な存在。ここで辞めれば迷惑をかけてしまうかもと思いながら退社を決意するのは、たいへんな勇気が必要です。それでも、他に選択肢がないときもある。

「まだまだ大丈夫」と言い聞かせ、頑張り続けた結果、仕事が続けられなくなったり、自分を見失ってしまうこともあると思います。

重要なのは心と体の声をよく聞いてそれに素直に従うことかもしれません。

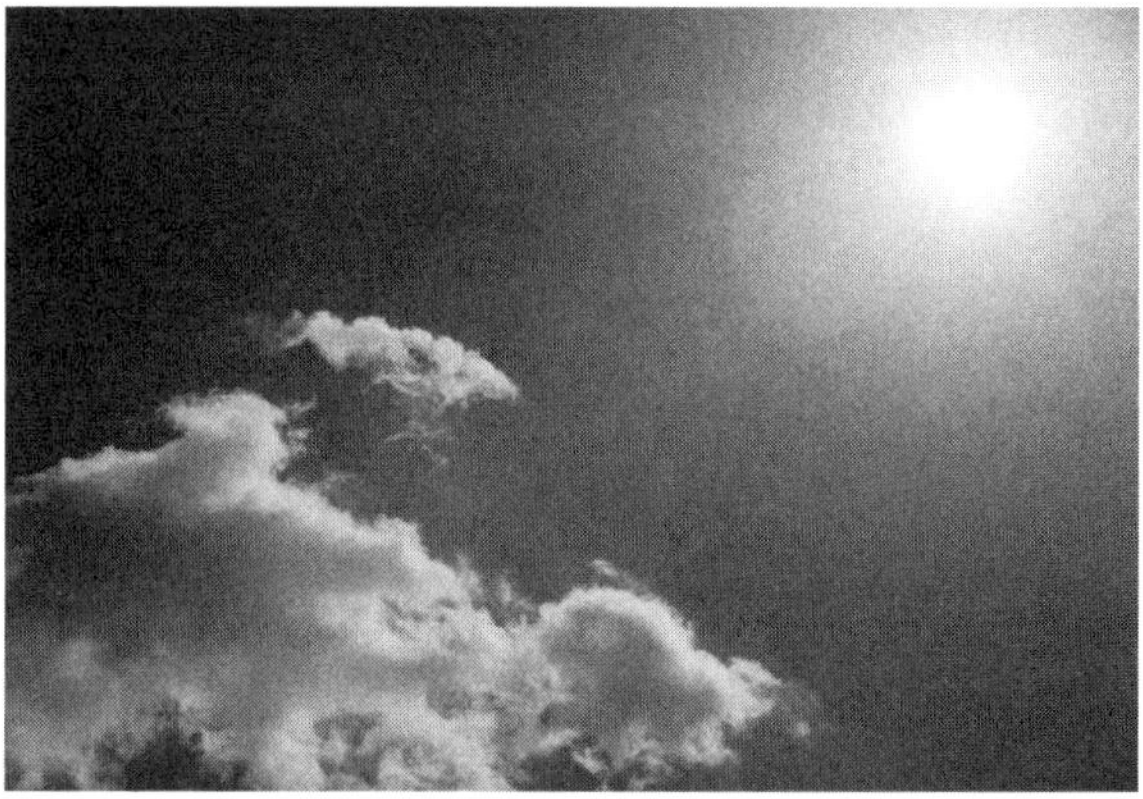
撮影場所の直島にて。前日まで台風だったのが嘘みたいないい天気でした。

本当に大事なことは一人で考える

本当に大事なことは、誰かに相談するよりもじっくりと時間をかけて一人で考えます。他の人の意見を聞くよりもまず、私にとっては「自分」の心の声を聞くことが大事。「自分がどうしたいか」ということをよく考えた上で、そう考えている自分を客観的に見つめて「どうあるべきか」ということも考えます。そのバランスをとって、どう行動するかを決定するんです。

たとえば、退社を決めたときのこと。実は周囲には相談していませんでした。親しい人に明かしたときには、すでに自分の心が固まっていました。

退社したいと思うのか、退社することでどういう影響があるのか、退社せずに続けたらどうなるのか——いろんな角度から「自分」の姿をとらえることで、自然と答えが浮き上がってきたように思います。

そこまで重大な事柄ではなくても、日常的な業務のなかでもすぐに相談することはあまりなかったように思います。たとえば、アナウンス技術を磨くためにどうすればいいか、先輩アナウンサーに聞く前にどうすれば上達するか自分で考えてみます。

振り返ってみると、大事なことを決めるときに私があまり人に相談をしないのには、「自分のため」と「相手のため」の二つの理由があるように思います。

たとえば、人に相談し、意見を求め、そのアドバイスに従ったとします。でもそれが思うような結果にならなかったとき。

「あの人に聞いた意見だったのにな」とか「これは自分の意見ではなかったのだから仕方がない」と責任回避してしまう自分がどこかにいるかもしれないのが嫌なんです。

自分のことなんだから、人のせいにはしない。なるべくそうしていたいので、相手に相談するのは自然とハードルが高くなります。

就職試験を受けるときに書くエントリーシートもそうでした。誰かの意見を聞いてしまうと、自分のものではなくなってしまうし、もし聞いたらその意見を無視できなくなってしまうのでは……と思い、誰にも相談せずに一人でせっせと書いた記憶があります。

仕事柄知っていたことをあえて言わないでいたら、「なんで教えてくれなかったの？」と言われたこともあったように思います。でもそれは「言いたくなかった」からではなく、言ってしまうと、その秘密を抱えるという負担を相手に負わせてしまうから。これはあるとき先輩がポロッとこぼした一言を聞いて、なるほどなと気づかされたことでした。

自分が退社することを多くの人に話していなかったのは、そんな理由もありました。

私もつい何かを相談したくなるときはあります。そのときは、私が言いたいこと、相談したいことは、相手に負担がかからないか、本当に聞かなければいけないことなのか……と一回自分に聞いてみます。そうすると、たとえ相談してその結果がどのようなことになったとしても、自分自身で納得できると思います。

その場その場で最良の選択をすることが重要ですね。

自分の持っているものを好きになれば、
もっと自分を好きになる

実は私、入社二年目以来引っ越しをしたことがありませんでした。ずっとワンルームマンションに住んでいて、そう広い部屋ではありませんでした。

大きな変化を好まない……、慣れた場所に住みたい……、なんていう私の性格が影響して、なかなか引っ越しを決断できなかったということもあるのですが、大きな理由として、「私にはこの部屋で充分」と思っていたことがあります。

この本を書くにあたって私の性格のクセを考えてみたのですが、なんといっても究極のもったいない病だということがわかったような気がします。たとえば、ブランドバッグ。憧れる気持ちはあります。高価なバッグや洋服で自分を華やかに装ってみたい、と思うんです。

「誕生日に一つくらい買ってみようかな」と、お店に行くといつも迷う。何度も通い、そのたびに「欲しいな、でも高いからやめようかな、でも……」。

そうこうして迷っているうちに、だんだんと「こんなに迷っているということは、あんまり欲しくないのかも」という気持ちに傾き、なかなか購入に至りません。

「あって当たり前ということは何一つない」と前述しましたが、今すでに自分がどれほどたくさんのものを持っているか、それがいかにありがたいことか、なかなか気づきにくいものですよね。

私も、高校、大学と音楽の道に進んだその陰で、両親がどんな思いで支えてくれていたのか、そのありがたみになかなか気づくことができませんでした。

中学時代、アトピーで苦しんだ反動から高校で派手なメイクをし始めたとき、よほど腹に据え兼ねたのでしょう。

「お父さんがどういう思いでこの学校に入学させたか、わかってるの？」

母が、受験の際の父の思いを明かしました。

実は両親は、経済的な面を考慮し、公立高校の進学を勧めるつもりだったそうです。しかし、私は大好きなピアノを生かせる学校に行きたかった。その思いを知った父は、迷うことなくすぐさまこう返答したのだとか。

「僕のお小遣いを減らしてもいいから、綾子に好きなところを受験させてあげよう。あれだけアトピーで辛い思いをしていたんだ、好きな学校に行かせてあげたい」

この話を聞いて、自分が苦労しても娘の希望を叶えてくれようとする両親の愛情の深さを知り、感謝の思いでいっぱいに。志望校合格は自分の努力で勝ち取ったものだと思いこんでいた自分が恥ずかしくなりました。

そして高校に入学するときのこと。母はサプライズでアップライトのピアノをプレゼントしてくれたんです。

「お寿司屋さんでアルバイトしたお金で買ったのよ」

嬉しそうに、ちょっぴり得意げにそう言った母の笑顔。普段高価なものを一切買うことがない母の、最高のプレゼント。あのときの喜びは今でも鮮明に覚えています。

それまで使っていたピアノは、中古の安価なモデル。それでも私は充分だと思っていたのですが、母はせっかく音大附属高校に合格したのだから、「ランクがもう少し上の新品のピアノを買ってあげたい」と思ったようです。

高校には、「グランドピアノを持っています」「防音設備の整ったピアノ練習室があります」といった生徒もたくさんいましたが、私にはこれで充分でした。私のピアノは、母の愛情がこめられたピアノだったから。

母は照れ隠しのように「卒業して弾かなくなったら売ればいいよね」なんて笑っていましたが、もちろん売る気持ちになんてなるはずもなく、今もそばに置いています。大切な大切な宝物です。

後にも先にも、母が大きな買い物をしたのはそれだけ。母に似たのか、私も大きな買い物をしたり思い切ってお金を使ったりすることが苦手です。

自分が本当に欲しいと素直に思うものに対しては、努力して手に入れてみようと頑張りますが、誰々が持っているから、流行しているから、といった理由でブランド品を持つことはどこか背伸びをしているようで本当の自分ではないような感覚になってしまいます。

今は等身大の自分に合ったもので、おしゃれを楽しめているので、満足です。

ともすると、周りの価値観に惑わされてしまいそうになりますが、自分を好きでいるためには、自分の価値観をしっかり持つことが必要ではないでしょうか。

周りの価値観を基準に物事を判断していると、どうしても「あの人はこれを持っているのに、私は持っていない」「あの人のようになるためには、私にはこれが足りない」と、我が身のマイナスの方面ばかりに目がいきがちになってしまいます。

自分の価値観をしっかり持っていれば、この手にたくさんの素敵なものを抱えていることに気づくことができるでしょう。

私は私と一生付き合います

最近、時間に余裕ができてきたので、体幹トレーニングに通い始めました。まったくと言っていいほど筋肉がない体を少しコンプレックスに思っているので、何かやらないと！と思って始めてみたところ、「姿勢が良くなった！」と言われることが増え、効果を実感しています。正しい方法で取り組むと、体は応えてくれるんですね。

フリーになってからは、食事をする時間にも余裕が出てきました。朝食はパンにスクランブルエッグ、ほうれん草、そしてやっぱりお肉が苦手なので、魚肉ソーセージを。昼食は友だちとランチに行ったり、出かける先で食べたり、と外に食べに行くことが多い。そして夜は基本的に自分で作ります。あらかじめ冷凍しておいたお魚に、ご飯、そして納豆。これが基本的な食事でしょうか。

こう書くと、食事管理を徹底しているように見えますが、間食が大好きな私は、おせんべいなどお菓子をもぐもぐ……なんてひとときが一番の幸せな時間だったりします。

先日、チョコレートを食べていると、家に遊びにきていた母親が、
「綾子がチョコレートを普通に食べてるなんて嘘みたいね」

と驚いた声をあげました。長らく普通の食事ができなかった当時の私にとって、脂分の多いチョコレートを食べるのなんて夢のまた夢。母が驚くのも無理ありません。

今でこそ、食べたいときに口にすることができるお菓子やお肉ですが、まだまだアトピーと隣り合わせの日々は続いています。

会社員時代は、食べても食べてもおなかがいっぱいにならないという時期や、大きな体重の増減を経験した私。入社して5キロ太ったこともありました。（きちんとお腹がいっぱいになることって実は健康な証拠なのだということにそのとき初めて気がつきました）

食べ過ぎや、睡眠不足が続くと、体に負担がかかるのか、ポツポツと湿疹が出てしまいます。体調が万全ではないときに日差しの下に出ても真っ赤になってしまい、かゆくてたまりません。

放送前に症状があらわれた場合は、首元が隠れるように髪の毛を下ろしたり、赤くなった部分に急いでコンシーラーを塗ったりして、湿疹に気づかれないようにテレビの前に立つようにしていました。

今もそう。手の指と指の間には、特に症状が出やすく、お薬を塗って、絆創膏を巻いて寝ることはよくあります。

中学生のときの、徹底した食事療法とお薬で、なんとかおさまっているように見えるアトピーですが、完全に治ったわけではありません。でも、症状が出たとき「あ、体がSOSを出しているな」と早めに対応できるようになりました。

治ったり、再発したり、そしてまた治ったり……アトピーと闘ってきましたが、アトピーだったからこそ何かを乗り越えてこられた気もします。

私とじっくり一生付き合えるのは私だけ。かゆみも私の体のバロメーターだと思って、これからも上手に付き合っていきたいと思っています。

自分の人生には
自分で責任を持つ

「加藤さんって、ストイックですよね」

年齢を重ねていくうちに、後輩からそう言われるようになりました。自分ではよくわからないけれど、もしかしたら、そうなのかもしれません。

確かに、仕事に対する意識は、入社前とはガラリと変わりました。

「早起き不要、夕方くらいには終わる番組の担当になったらいいなあ」

内定が出たばかりのころはそんなことを考えていたんですよ（笑）。

親しい友人たちも、「のんびりしている綾子に、忙しいテレビ業界なんて務まるの？」と思っていたようです。

意識が大きく変わったのは、「はじめに」でも書きましたが、昔の写真報道がきっかけです。

入社前はテレビに出るという責任の重さはほとんど理解できていませんでした。

「学生時代の写真や話が暴露されているアナウンサーもいるけれど、もしかして私にもあんなことが起きるのかなあ。大した過去もないけど……」

フジテレビに入社が決まるまで、テレビ番組に出るなんてことはまったく想定していませんでしたし、当然、日本全国の見ず知らずの人に自分の存在が知られるということがどんなことかまるで実感がありませんでした。

ですから、写真が出たときは、「こんなふうに出てしまうんだ……」という気持ちと、「まさか！」と現実を否定したい気持ちが半々でした。

あの日、上司に報道を知らされ、真っ先に頭に浮かんだのが両親の顔でした。すぐに母に電話しなければと思いましたが、何と言っていいのかわからず、なかなか番号を押せませんでした。ようやく電話できたのはその日の夜。普段は泣けない私ですが、このときばかりは大泣きしました。あんなに激しく泣いたのは、大人になってからは初めてです。

「私のせいで迷惑をかけてしまうかも。お父さんもお母さんも悪く言われたらどうしよう、恥ずかしい思いをさせてごめんなさい。小さいときからアトピーでずっと迷惑かけっぱなしだったのに、また迷惑をかけてごめんなさい」

申し訳ないという思いで心は破裂しそうでした。母にこういうふうにアトピーのことを謝るのは初めてのことでした。母は「何でそんなこと言うの……」と戸惑いながら「綾ちゃんがいてくれるだけでいいのよ」と続けました。

電話越しに二人で泣きながら話しました。

会社を辞めることも考えていましたが、母から「大丈夫だよ」と言われたことで気持ちも落ち着いてきました。

挽回しよう。仕事を頑張ろう。頑張ってたくさん番組に出て、信頼されるアナウンサーになって、「家族でよかった」と思ってもらえるようになろう。

私のすべての行動は、自分だけの責任ではなく、家族や知人にまで及んでいると自覚したとき、私は変わったんです。

「怒り」という気持ちも自覚しました。何ごとにも一生懸命になれなかった、逃げてばかりの自分に対する怒り。

この一件でたくさん傷つきましたが、それに耐えうる自分の強さとその核になっているものにも改めて気づくことができました。

以来、私を動かしている原動力の一つといえるかもしれません。

泣かない　泣けない　泣きたくない

小さなころからずっと、人前では泣きたくないと思ってきました。

小学校一年生のピアノの試験の日、母に結んでもらった髪型が気に食わず、家を出る直前に「イヤだ、こんなの」とヘアゴムを取って投げ捨てたことがありました。そのときです。

パーァン！

ものすごい衝撃が頭に走り、一瞬何が起きたのかわかりませんでした。

「何やってるの、もう遅刻するでしょ、バカッ」

母が金属製の櫛で思いきり私の頭を叩いたんです。出かける直前のバタバタしているとき、そりゃそうなるわという感じですが、頭のてっぺんがジンジンと痛み、涙がじわりと滲んできました。

でも、そこで泣いて目を腫らして試験に行ったら、友だちにも先生にも「どうしたの？」と聞かれるはず。こんな恥ずかしい理由なんて説明したくありません。

涙を必死でこらえて試験会場に向かいました。

学校でもワーッと泣くようなことはありませんでした。卒業式でも泣きませんでした。

泣いている人を見ると、冷静になってしまうのか涙は引っ込んでしまいました。

家族の中でも、むしろ兄のほうが子どものころは泣き虫。父は、たまに感動的な番組を見て目を赤くしていましたが、一緒に見ている母はまったく泣かない。

どこまで母に似ているのでしょうか。私もテレビや映画を見ていて泣くことはほとんどありません。感動していないわけではないんです。泣くことで感情を表に出すということが苦手なんです。


大人になってからも、嬉し泣きはたまにあるのですが、仕事場でも友だち関係でも悲しくて泣いたり、悔し涙を人に見せたりすることはありません。泣きたくなるほど辛いときも、涙を流す前に考え込んでしまいます。泣くことは恥ずかしいというクセがついてしまっているようです。

学生のころまでは母の前では泣けていたのですが、社会人になってからはありません。電話口で母から「元気ないね」と言われても「えっ、何でもないよ」と、咄嗟に元気なふりをしてしまう。たまに母が私の部屋に遊びに来たときは、どんなに疲れていても、母に少しだけでも贅沢をさせてあげたいと思い、「おいしいものを食べに行こうか」「新しくできたお店に行ってみよう」とつい誘ってしまいます。

フジテレビを退社する一年ほど前、「お母さんには気を遣わなくていいのよ」と母から言われて、ふと力が抜け、思わず涙が出てしまいました。でもその涙さえ隠してしまった私。たくさん迷惑をかけた母に、安心してもらいたい、自分が今を楽しんでいるところを見てもらいたい、と気負って感情を隠すクセがついてしまったようです。でもお母さんはわかっていたんだと思います。本当は泣いていたことも、私がその涙を隠したことも。

感情をあまり人に見せられない自分のことを、「もしかして私、かわいげがないかな」と思うときもありますが、これればかりは仕方ない。はっきり言って、感情表現は不得手です。

これからは泣ける自分のことも受け入れていきたいです。

強いってことは　泣かないことじゃない。
泣いてもまた笑えること

澤穂希

「本当に大切なのは外見じゃない。
心でどう感じているか、それが重要。
何もかも手に入れてるように見えるのに、
ちっとも幸せそうじゃない人って
いるでしょう？」

――ミランダ・カーの言葉

ミランダ・カーは私にとって憧れの女性の一人です。

自分を大切にすれば、人生もあなたを大切にしてくれるはず。

彼女が発する言葉は、自分に自信がなくなったときに思い返すと自然とポジティブになれるものばかり。ミランダ・カーの本を持っているので、夜眠る前に読んだりすることも。

さらに元気を出したいときには、彼女がモデルとして出演していた下着ブランド、ヴィクトリアズ・シークレットのショーの映像を見ることもあります。自分のスタイルを維持するために、想像を絶するほど努力をしているであろうミランダ・カーを含むスーパーモデルさんたちがランウェイの上で、自信満々に堂々とウォーキングをする姿を見ていると、自分も頑張らなくちゃと叱咤激励された気持ちになり、自然と前向きな気持ちになります。

ミランダ・カーが気になり出したのは、四、五年ほど前。雑誌やＣＭで見かけて、初めはそのセクシーななかにクールなカッコよさを感じさせる容貌に惹かれました。

当時、すでにオーランド・ブルームと結婚し、第一子が誕生。海外セレブというと、こう言っては悪いのですが、仕事は忙しく遊びは派手で、家族や子育ては二の次という先入観が少々あったんです。

しかし、ミランダ・カーは二十七歳という若さで結婚したにもかかわらず、家族のために仕事が終わったらすぐに帰宅すると語っていて、〝お母さん〟としての部分がぶれないでいるところにとても好感を持ち、ますます惹かれるように。

容姿や仕事での業績が輝かしくても、それが人としての魅力につながるかというと、そういうわけではないことが少なくありません。男女問わず、家族を大切にしている人、その関係性がいい人にあたたかさを感じます。

家族の形がどうということではなく、自分が〝家族〟と思える人とどういう関係を築いているかに、その人らしさが表れると思うんです。家族との信頼関係がきちんとできている人は、穏やかで人に対して反感を持ちにくいような印象を受けます。悩みを相談したとしても、アドバイスが親目線に近く、本当に親身になってくれている気がします。これは私の経験上での話でしかありませんが。

家族との信頼関係というベースがあると、物事が上手くいかないときや孤独を感じるときも、「自分には帰る場所がある」という安心感があるんでしょうね。

自分は必要とされている、存在するだけで誰かが喜んでくれる、この心強さは、他には替えられないと思います。

どんな大きさの世界で生きている人でも、家族という最小の、最も根底にある基盤を忘れずにいる人こそ、本当に立派な方だと私は思っています。

「フリルを取って、リボンを取って、
〝そのほか〟をすべて取り去れば、
大切なものの輪郭が
はっきりと見えてきます」

――オードリー・ヘプバーンの言葉

番組ではスタイリストさんが衣装を選んでくださることがほとんどですが、プライベートはもちろん、仕事でも打ち合わせのときは私服を着ます。

服は、シンプルが好き。黒、白、ベージュ、カーキ。鮮やかな色を着ることはほとんどありません。

シンプルだけど、体のラインが美しく見えるデザインのものに、デニムなどを合わせるラフな感じのコーディネートが多いですね。

スカートだったら、ふんわりしたものよりもタイトめのロング。ロングドレスやワンピースもよく着ます。学生のころはともかく、社会人になってからは流行を追いかけるよりも、とにかく〝自分に似合うもの〟を選ぶように。

よく海外のファッション誌を見たりして、自分のスタイルに取り入れられるものがないか、探しています。

メイクは、実は女性アナウンサーはみんな自分でするんですよ。髪の毛だけヘアスタイリストさんに整えていただいています。

その習慣がついてしまっているためか、今でもメイクは自分ですることが多いです。

仕事が長い時間に及ぶことが多いので、ベースはよれないようあまり付けすぎず、コンシーラーで補正し、リキッドファンデーション二色、パウダーファンデーション一色を使い分けています。

目元はけっこうしっかりめ。アイシャドウは自然なブラウン系ですが、アイライナーもマスカラもしっかり塗っています。眉毛は整えすぎず、ナチュラルにアイブローを足すくらい。

口紅も、情報を伝えるときに違和感がないよう、真紅などの派手な色は避けてナチュラル系の色を選んでいます。

突発的に取材が入ることがあるので、ネイルもヌードカラーなどの落ち着いた色ばかり。

金属アレルギーはありませんが、アクセサリーはネックレスなど首まわりにはあまりつけず、揺れるタイプのピアスをつけることが多いですね。

ファッションで最も気をつけていることは、TPO。

たとえばサラッとカジュアルに人と会うときに、あまりにドレッシーにきめすぎないようにしています。

それは、自分が恥ずかしいというよりも、相手の方を思ってのこと。一緒にいて居心地が悪い思いをさせては、せっかくの時間が台無しになってしまうから。

自分が美しく見えることも大切ですが、やはりその場、その時間が楽しく過ごせるようなおしゃれがしたい。主張しすぎないシンプルなファッションやナチュラルメイクを好むのはそのためかもしれません。

他人のためでなく、自分のためのおしゃれを存分に取り入れている部分があるとしたら、靴。靴は本当に大好きなんです。

素敵な靴を履くとスイッチオン！　どんなに疲れていても「この靴を履けるから」と思えば、背筋がシャンと伸びて元気にドアを開けられる。まるで靴にパワーをもらっているよう。

服がシンプルな分、靴は多少冒険もします。たとえば、トレンドのスタッズが付いたハイヒールだって履いちゃいます。

「こういう形じゃなきゃ」と決めつけることなく、ヒールもぺったんこから十二センチまでさまざま、フォルムも自由にいろいろな靴を試しています。

ただ、私は身長が１６６㎝と高いほうなので、仕事のときは圧迫感を与えてしまわないよう、高いヒールは避けています。

その分、プライベートでは思いっきり楽しむ。カジュアルなスタイルに、ハイヒールを合わせると、ラフすぎずバランスがよくなる気がします。

服を先に決めてから靴を選ぶときもありますし、前日に「これを履こう」と決めていても、直前にいざ鏡を見て「こっちのほうがいいかな」と迷ってしまうことも。コーディネートしている時間も楽しい時間です。

「他の人にどう見られるか」ということを気にして、ファッションもそれにとらわれていた時期も少なからずあります。先に書いたように、服を選ぶときはＴＰＯをよく考えるので、今も１００％ないわけではありません。

ただ、歳を重ねるごとに、以前よりも好きなものを選ぶ基準がシンプルになったように思います。

最終的に誰の人生かと考えたら、やはり自分の人生。

自分が本当に好きなものはどれか、心地よいと感じるものはどれかと常に自分に問いかけて、明るい気持ちになれるおしゃれをしていきたいと思うようになってきました。

それにしても私、服やバッグはあまり装飾的なものが好みでないのはなぜだろう……と考えてみました。

人とお会いしたとき、服やバッグはパッと目につきますよね。特にバッグは、そのブランドが長年にわたって培ってきた定番のラインがあり、ひと目でどこのものかわかることが多いように思います。

一方、足元は、あまり最初に目がいくところではありません。だから、靴が多少装飾的だったとしても、「あ、あの人、○○○の靴を履いている」と相手に情報を与えすぎないように思うんです。

人に気づかれるか気づかれないかぐらいのおしゃれが、私にとっては心地がいい。自分の中でささやかな特別感が味わえるところが好きなんだと思います。

最も思い入れがあるブランドは、クリスチャン ルブタン。決して安いものではないので、毎回、「えいっ」という思いで買っています。

初めてのルブタンは、二十七歳のとき。先輩の結婚式があり「一足、いい靴を買ってみよう」と思い立ちました。

それまでも憧れてはいましたが、靴にそんなにお金をかける勇気が出なくて。

思い切って購入した、ベージュのパンプス。

実際に足を入れてみると気持ちがパッと華やいで、履いているだけで自信がつくような魔法の靴。

ルブタンのパンプスは、指が絶妙な加減でチラリとのぞくんですよね。それがとてもセクシーで美しい。

以来、お店に新作を見に行くだけでも気分が高揚します。素敵な靴に出合ったときは、もう運命を感じるくらい。

衝動買いはしないよう、ボーナスが入ったときにご褒美として念願の一足を購入するようにしていました。その特別感もより愛着を感じさせます。

一足、履くためではなく鑑賞用に所有している靴もあります。スワロフスキーがちりばめられている、十二センチのハイヒール。

本当に美しくて、眺めているだけでうっとり……。

ルブタンはデザイナーさんの名前なのですが、彼はパリの有名なナイトクラブ「クレイジーホース」のダンサーたちの美しさにインスパイアされ、ハイヒールのデザインを手がけるようになったそうです。

……気になるブランドは、その背景や製作エピソードをすぐ調べてみる質《たち》でして。海外のセレブや女優も数多く愛用していて、アメリカの人気ドラマ『ゴシップガール』に出演しているブレイク・ライヴリーもルブタンファン。ブレイクは、スタイリストをつけずに自分で服を選んでいるそうですが、靴はルブタンからアドバイスを受けているとか。ルブタンはライブリーの名を冠した「The Blake」というハイヒールを製作するなど、二人の親交は深いそうです。

私の知らないところに、そうしたきらめくような世界がある。そんな世界を想像しては、靴を眺めてまたうっとりしている私です。

そうそう、そんなルブタンの名言も見つけました！

女性は、靴次第でセクシーにも、可愛らしくも、知的にも、シャイにもなれるんだ。

「魅力的な唇であるためには、
美しい言葉を使いなさい」
——サム・レヴェンソンの言葉

言葉を大切にしています。

友人と話すときは、どうしてもくだけた言葉遣いにはなるのですが、それでもなるべく「ヤバイ」「超〜」は使わないように心がけています。

普段の言葉遣いがオンエア中に出てしまうから。思わず使ってしまったとしてもそのことを自分で許してしまうのではなく、「今、言ってしまった」と戒めの意識を向けるようにしています。

アナウンサー研修でも言葉遣いの指導を受けましたが、それ以上に、実際に仕事をしていくなかで、こうした意識は高められてきました。粗雑な言葉に対して自然と自分が恥ずかしくなってくるんです。

言葉選びだけでなく、その伝え方も同じくらい大事です。

よく、自分の声を録音して聞くと自分の声ではないような不思議な気がする、という話を聞きますが、私の場合、音大で自分の歌を録音して、音程や歌い方のチェックをした経験があるせいか、自分の声にはずいぶん前からそれほど違和感を持ったことはありません。

しかし、話している姿を初めて映像で見たときにはたいへんなショックを受けました。入社試験時のカメラテストなんて、本当にひどい。ある番組で、恥ずかしくもそのＶＴＲ

を流しました。

「カトーアヤコ、ですッ！」

……うん、まあ、元気はいい。しかし、いいのは元気だけ。いかにも学生ノリの雑な話し方。このＶＴＲを見た出演者のみなさんはゲラゲラ笑っていました。オンエアを見た母も大爆笑。

「あのしゃべり方、ド素人でおもしろい、最高！」

他のアナウンサーのカメラテスト映像は私ほどギャップはないので、私は学生時代、よほど他人の目を意識せずに生活していたんでしょうね。

確かに、思い返せば異性の目すら気にしたことがありませんでした。音大には、男子学生はそれほど多くありませんし、いても中性的な雰囲気（勝手な私の意見ですが）の子が多かったんです。自分が〝女の子らしくいる〟ということが、なぜだか恥ずかしいという意識もありました。

大学三年生からアナウンススクールに通い始めましたが、やはりスクールとプロの世界は段違い。原稿読みも、当時は自分では得意なほうだと思っていたけれど、今見たらテレビに出られるレベルにはほど遠いんでしょうね。

実は、フジテレビはそれほど厳しく注意しません。〝ら抜き言葉〟など日本語の誤りは注意しますが、話し方などは厳しく縛りすぎることで個性がなくならないよう、それぞれのアナウンサーにまかせています。だから、自分で厳しく律しなければなりません。悪いクセも気づかなければそのまま。恐ろしいでしょう?

今現在の私の話し方は、入社以降身についたもの。学生時代の友人からは、「声だけ聞いていたら、わからなかったよ」と言われることも。

『めざましテレビ』出演時は、「今日は噛まないようにしよう」「昨日はここのコーナーがうまくコメントできなかったから、今日はここはちゃんと言おう」など、毎日小さな目標を作って実践していました。

フジテレビアナウンサーはみんな仕事人。普段の会話も社会事件や政治のことなどが中心です。華やかな世界と思われがちですが、外見を磨くことに意識が向く人は少なく、それればかりか取材が立て続けにあってお風呂に入れないということもあるくらい。それも、笑い話にしてしまうような空気があります。

外見がどうこうというよりも、その人から発せられた言葉、言い回し、伝え方を重んじる。先輩アナウンサーたちのそんな姿勢に、私は感銘を受けました。

人は自分を映す鏡——
自分は相手を映す鏡になる

最近、自分の話をするのってこんなに難しかったんだ……と実感しています。フリーになって雑誌のインタビューを受けることが少し増えました。自分が質問を受けるというシチュエーションに違和感があって、本当に戸惑うことばかりです。聞かれる側になって初めてインタビューの難しさを知った気がします。

アナウンサーというお仕事の中で、インタビューはとてもやりがいのある大好きなお仕事の一つです。一流のアスリートやアーティストなど、一つの道を極めた方々のお話は本当に感銘を受けます。

ただ、初対面の方に心を開いていただき、聞きたいことや本音を引き出すというのはたいへん難しい！　人それぞれ本当に感じ方も違いますし、セオリーがないんですよね。いまだインタビューの「極意」はわかりません。

もちろんまず基本は、事前にその方の資料をよく読み込みます。そしてあえて言うなら「取り繕わないこと」でしょうか。素の自分で対峙して、相手にも素を出していただければと思っています。

何かを聞きだそうと作戦をたてることはありません。相手を過剰に誉めたり媚びることもありませんし、わざと意地悪な質問をして何か反応を見ようということもありません。

「聞き出そう、聞き出そう」と前のめりになると相手が逆に構えてしまうでしょうし、そういう気持ちも見抜かれてしまうと思うんですよね。こちらも素をさらけだし、相手のありのままを映す鏡になる——それが一番だと思っています。

自分が聞かれたら嫌だなという質問はしませんし、手柄欲しさに相手の思いを踏みにじることも絶対したくはありません。

ただ、お仕事ですから聞きにくいことを聞いてくれと、ディレクターから指示を受けることはありました。そういうときは、なぜこの質問が必要なのか、テレビの前の方にとっても大切なことなのかどうか、きちんと話し合います。私としては興味本位で聞き出して相手を不快にさせたくありません。だからこそどうしても聞かれなければいけないときは「本当にごめんなさい、でも聞かせてください」という思いを持って聞く。

いくら仕事上の質問だとはいえ、私の口から出る言葉です。自分の責任を感じて言葉にしなければと思います。

あと心がけていることとしては、リラックスしていただけるように、小さいところで雰囲気づくりをしています。「普段の会話のように」とディレクターからリクエストされれば、まずは私自身の姿勢をゆったりとさせます。たとえば、姿勢をピシッ、脚をピシッと揃えずに、あえてラフな感じにしたり。スーツをカッチリ着るのではなく、ブラウスの袖をラフにたくし上げる。言葉も柔らかくバラエティ寄りを心がけ、話しやすい雰囲気をつくってみます。そうすることで、距離が縮まることはある気がしています。

先日、フィギュアスケートの浅田真央選手にインタビューする機会がありました。実はフジテレビのエントリーシートに「会いたい有名人」として名前を書かせていただいたくらい浅田選手の大ファンです。

しかもテーマはフィギュアの枠を超えて「恋愛観」まで幅広く、というお話です。世界的アスリートと、しかも久しぶりにお会いするのにどうやって……。不安もありましたが、気がつけばあっという間の一時間。浅田選手が恋愛トークをすることは珍しいことのようで、とても楽しい時間を過ごさせてもらいました。

言葉を引き出す方程式より、一番大切なのは尊敬と誠意の気持ち。そして「あなたのお話を聞きたい」という素直な姿勢で、飾らずに質問をすることだと思います。

誠意や真心から出たことばや行動は、
それ自体が尊く、相手の心を打つものです。

松下幸之助

インタビューだけでなく、誰かと会話を交わすとき、とても大切な姿勢です。金言の一つになっています。

「聞かれる側になって初めてインタビューの難しさを知った気がします」

眠る前に「ありがとう」

眠る前には「ありがとう」と言ったり、思うことは私の大切な習慣です。

実はこれ、小さいときから欠かさず行っているもの。当時は母と一緒に、寝る前、何分間か正座してしっかり目をつぶり、一日を振り返って「今日もありがとうございました」と言っていました。

幼いときには、この行為にどんな意味がこめられてるのか、あまり意識せずにただ母がやっているのを見よう見まねでやっていました。でもこの習慣のおかげで感謝をする気持ちを持つことが自然とできるようになったのだと思います。

今日も一日、仕事が無事に終わってよかった、ありがとう。

今日も一日、お肌が頑張ってくれた、ありがとう。

今日も一日、穏やかな気持ちでいられた、ありがとう。

ついつい足りない部分や、自分のだめな部分に目がいきやすい私にとって、一日の終わりに感謝できる部分を見つけてみるという時間はとても貴重なものなんです。

毎日でなくてもいいので、自分に自信が持てなくなった日はやってみてください。心が静かになりますよ。

「家に帰って
家族を愛してあげてください」

――マザー・テレサの言葉

この本を書くにあたって、母と小さいころの思い出話をたくさんしました。私がこうだったよね、と話すと「エッお母さんそんなこと言った〜!?」なんていうことも多かったです。逆に、私も「そんなことあったっけ……」と覚えていない、知らなかった話を聞くこともありました。改めて教えてもらえて本当によかったという父とのエピソードです。

中学二年生のとき、アトピーが最もひどかったころの話です。

当時はあまりにも状態がひどく、かゆくてかゆくて寝られない夜が続いていました。なんで自分だけこんな思いをしなくちゃいけないんだろう。悪いことなんて何もしていないのに、そんな思いを抱えていたことは昨日のように思い出せます。

ある晩のこと、私が自分の体を思いきり掻きむしり、夜中じゅう泣き叫び続けたことがあったそうです。あまりの辛さに錯乱していたのか、実は私にはこの日の記憶はありません。

そんな私を見て、いつもならどんどんと構えている母もかなり取り乱し、辛そうな私を見守るばかりでどうしようもなかったそうです。

母がおろおろしていると、普段はあまり口を出さない父が、私の元へ来て、強く抱きしめたそうです。それでも暴れようとする私をただぎゅっと抱きしめ続けた。

「大丈夫だから、大丈夫だから……」

掻きむしろうと暴れる手をしっかりにぎり、真っ赤な顔で泣きじゃくっている私に、何度も何度も繰り返しながら抱きしめていた父の姿を母は忘れられないそうです。

そう言われて、なんでそんな大切な思い出を忘れていたんだろう……という思いとともに父と母からいつも言われた「綾子がそこにいてさえくれれば、それだけで幸せなんだよ」という言葉を思い出しました。

アトピーで辛くて、人に見せられないような顔になったときでも、私が私らしく前向きに生きてこられたのは父と母のこの言葉があったから。私もこれから、そんな思いを持って愛情を注げる人になっていきたいと思います。

当時ひきこもり状態だった私を外に連れ出してくれたのは父でした。

「綾子、今日は散歩に行こうか」「今日はお買い物に行こう」

本当は大した用事もないのに、私を連れ出すために、わざわざ何かと理由をつけて誘ってくれた、その父の不器用さに当時の私は本当に救われていました。

父は優しいけれども、とてもまじめな人で、仕事に一生懸命。出張も多く、三か月間海外に行ってしまうなどいつも自宅にいる人ではありませんでした。

家にいる姿を思い浮かべると、難しい本を読んで、一人でよく勉強していて……。

そんな父なので、家族でバーッと出掛ける……といったことはたぶん得意じゃなかったみたいです。でも、いざというとき、必ず助けてくれるという安心感がありました。

実は、私が入社すると同時に、父の転勤で両親は海外へ。兄は兄で一人暮らしをしており、初めて一家がバラバラになってしまった時期がありました。

離れてみて改めて家族と一緒にいたいという気持ちになり、一週間の夏休みを利用して家族全員でスイス旅行を計画しました。

その旅がこれまでに味わったことがないほど楽しかった。今思い返しても幸せな気分に浸れるほどです。

というのも、今まであまり家族旅行に行くことがなかった加藤家。お祖母ちゃんの家へはよく行っていましたが、東京と千葉だったので旅行というにはほど遠く……。

そんな家族で行ったスイス。旅先で「これ食べてみたい」「こっちも注文してみよう」と好奇心いっぱいで旅を楽しんでいる母の姿を見るだけでも幸せでした。「この家族という居場所があれば、私はこれからどこへ行っても頑張れる」そう感じることができた旅でした。

その後はなかなか、このような機会は持てませんでしたが、もう一度家族旅行に行きたいです。できたらいつか新しい家族と一緒に。

家族は私にとっての最小宇宙。自分の中での幸せを感じる一番大きな部分は、家族という中で何かを築くこと、この思いは今でも変わりません。

参考文献
『覚悟の磨き方 超訳 吉田松陰』池田貴将 著／サンクチュアリ出版
『吉田松陰 留魂録（全訳注）』古川薫 著／講談社
『AUDREY'S WORDS 愛される人になるための77の言葉』
STUDIO PAPER PLANET 編／光文社
『オードリー・ヘップバーン〈下〉』バリー・パリス 著　永井淳 訳／集英社
『マザー・テレサ100の言葉』
マザー・テレサ 著　ヴォルフガング・バーダー 編　山本文子 訳／女子パウロ会
『マザー・テレサ 愛と祈りのことば』
マザー・テレサ 著　ホセ・ルイス・ゴンザレス・バラド 編　渡辺和子 訳／PHP研究所
『人生心得帖』松下幸之助 著／PHP研究所
『ミランダ・カー トレジャーユアセルフ』ミランダ・カー 著／トランスメディア

撮影	中村和孝（まきうらオフィス）
スタイリスト	後藤仁子
ヘアメイク	平山直樹（wani）
マネジメント	阿部亨、岩本卓也（ジャパン・ミュージックエンターテインメント）
デザイン	植草可純、前田歩来（APRON）
編集協力	安楽由紀子
撮影アシスタント	岡本俊
スタイリストアシスタント	須藤茶美
デジタルワークス	金澤佐紀（Digicapsule）
Special Thanks	藤岡隆、瀧藤雅朝、野村雄高（ジャパン・ミュージックエンターテインメント）

衣装協力	ne Quittez pas
	Shaesby
	ダブルスタンダードクロージング
	ソブ
	CA4LA
	KYOKO HONDA NEW YORK
	ドナテラ・ペリーニ
	オールセインツ
	モロコバー
	ソルト プラス ジャパン
	ベルシオラ

おわりに

「今、行きたい場所はどこですか？」

今回初めての本を出版するにあたり、そう聞かれて迷わず頭に浮かんだのは、祖父母の出身地である香川でした。

以前お仕事では行ったことがある香川。

でもそのときは日帰りというかなりの強行スケジュール。「絶対にうどんだけは食べる！」という目標は達成できたものの、「ここがおじいちゃん、おばあちゃんの育った場所なんだなあ」と余韻に浸る間もなく、気づいたら東京に戻ってきていました。

そのときに覚えているのは帰り際に少しだけ見ることができた瀬戸内海の夕焼け。それはそれは美しく、「絶対にまたここに来よう」そう強く思いました。


その香川という地に、このような新たな挑戦の一つである〝本を書く〟ことをきっかけに訪れることができるなんて。そのとき願ったもの以上の思い出となったことだけは確かです。

瀬戸内海の穏やかな海、澄んだ青空、暖かい日差し、そして包み込むように優しく通り抜けていく風――。

今回の旅では祖父母の思い出に浸りながら、この土地の空気をしっかりと感じることができました。

新たな挑戦。年齢を重ねるごとになんだか難しくなってきたように感じます。それでなくても大きな変化を好まない私の性格からすると、かなりの勇気と覚悟が必要で、それにはもちろん不安もつきまといました。

少しずついろんな理由をつけてそういった不安から逃げても生きていけるようになっているからこそ、ここで挑戦しなければ逃げグセがつきそうだったので、大きな勇気を持って飛び込んでみました。

でも今こうして書きながら思うことは、やはり挑戦してみてよかったということ。ここまでたどりついて、あと少しで完成という道のりに来てより強く思います。

この新たな挑戦は改めて大切なものを気づかせてくれました。

最後にこの本を共に作り支えてくださった、カメラマンの中村和孝さん、スタイリストの後藤仁子さん、ヘアメイクの平山直樹さん、マネージャーの阿部亨さん、岩本卓也くん、そして編集の久和麻実子さん、増田祐希さんに心より感謝いたします。

そして最後に、愛情を持って私をここまで育ててくれた家族へ。（いろいろバラしてごめんなさい・笑）

どんなときでも変わらず愛してくれて、本当にありがとう。

二〇一六年十一月

加藤綾子

加藤綾子（かとう・あやこ）
1985年4月23日埼玉県出身。
身長166cm。O型。ニックネームはカトパン。
2008年国立音楽大学音楽学部音楽教育学科卒業後、フジテレビに入社。
入社後は『めざにゅ～』、『めざましどようび』、『カトパン』などに出演し、
2010年4月に『めざましテレビ』キャスターに就任。
2016年4月末にフジテレビを退社し、フリーアナウンサーに。
現在は『ホンマでっか!?TV』、『優しい人なら解ける クイズやさしいね』、
『スポーツLIFE HERO'S』にレギュラー出演中。

あさえがお

2016年11月21日　初版第1刷発行
2016年12月6日　第2刷発行

著　者　加藤綾子
発行人　飯田昌宏
発行所　株式会社小学館
〒101-8001
東京都千代田区一ツ橋2-3-1
編集　03-3230-5585
販売　03-5281-3555
印刷所　凸版印刷株式会社
製本所　株式会社若林製本工場

販売　中山智子
宣伝　井本一郎
制作　元藤祐輔
編集　増田祐希　久和麻実子

ISBN 978-4-09-388529-4